世界园林史图说
（第2版）

Diagramed the World History of Landscape Architecture

(The Second Edition)

张祖刚　著
Zhang Zugang

中国建筑工业出版社

图书在版编目（CIP）数据

世界园林史图说／张祖刚著 . —2版 . —北京：中国
建筑工业出版社，2012.3
ISBN 978-7-112-14009-1

I . ①世… II . ①张… III . ①园林建筑－建筑史－
世界－公元前 3000～2000－图解 IV . ① TU－098.41

中国版本图书馆 CIP 数据核字（2012）第 013144 号

　　本书简要阐述公元前 3000～2000 年世界园林发展的历史，
将其分为 6 个阶段，包括古代时期（公元前 3000～500 年）、中
古时期（约公元 500～1400 年）、欧洲文艺复兴时期（约公元
1400～1650 年）、欧洲勒诺特时期（约公元 1650～1750 年）、
自然风景式时期（约公元 1750～1850 年）、现代公园时期（约
1850～2000 年），选用 100 个实例，说明各个阶段的特点及其前
后的联系关系和未来发展趋势。本书可作高等院校规划、建筑、
园林和其他专业的教学参考书，也可供广大园林爱好者阅读。

责任编辑：吴宇江
责任校对：王誉欣　赵　颖

世界园林史图说　（第2版）
张祖刚　著
*
中国建筑工业出版社出版、发行（北京西郊百万庄）
各地新华书店、建筑书店经销
北京嘉泰利德公司制版
北京画中画印刷有限公司印刷
*
开本：880×1230毫米　1/16　印张：16　字数：500千字
2013 年 4 月第二版　2013 年 4 月第二次印刷
定价：118.00元
ISBN 978-7-112-14009-1
　　　　（22024）

序

2003 年 3 月 20 日，原中国建筑学会副理事长、秘书长、《建筑学报》主编张祖刚教授惠赠给我一册他的大作《世界园林发展概论——走向自然的世界园林史图说》，并请我指正。我当时深感荣幸，认真深入拜读大作数次，深表钦佩。

喜闻张祖刚教授大作的第 2 版《世界园林史图说》即将面世，并承蒙张先生诚挚邀请为其大作写序并题词。因而再次拜读大作，深感受益非浅。

张教授以图说的形式和精练的语言来阐明几千年世界园林发展的历史，简明扼要、深入浅出。除了多年来收集、整理、研究和精选大量历史资料以外，特别值得一提的是，张先生曾亲自到过书中列举的大多数实例所在地，并掌握了许多第一手资料。其为此书所付出的辛劳和研究世界园林发展史所做出的努力，真是难能可贵、令人敬佩。

在庆贺张先生著作第 2 版出版之际，本人欣喜之余，有感而发。特将我在 1986 年发表的论文《中国的大地规划美学及其教育》（注）中的部分学术论点摘录如下，旨在与张祖刚教授和广大读者们共同探讨世界园林的发展史。

~~~~~~

东西方对立的园林模式

为了推崇中国在领悟自然美方面于很早的历史时期所做出的贡献，为了引领现代环境规划师和设计师在工作中的何去何从，把 18 世纪以前东西方两者截然不同的园林美学，作一个简单比较，也许是有益的。

欧洲整形几何式园林

· 欧洲园林是主体建筑的外延部分，是室外的绿色建筑。

· 主景——是男神和女神的雕像，即帝王和帝后神化的代表。

· 配景——几何形水池、水渠、几何式喷泉、瀑布；树木绿色雕塑、绿门、绿墙、绿篱、行列树、刺绣花坛、花坛群、花境。

· 美学主题——"人"是宇宙的主宰，"人"是宇宙的"目的"。大自然必须按照人头脑中的秩序、规律、条理和几何模式来进行改造。

· 造景——园林中一切人工的、人造的、几何式的、整形的景物，永远超越于任何自然景物之上，而成为园林造景之高光或顶峰。

谓之："错彩镂金，雕缋满眼"！

中国自然山水派园林

· 中国园林是室外拥抱建筑的活生生天然图画。

· 主景——是大自然的山和水。

· 配景——是山花、野鸟、清风、明月。

· 美学主题——大自然是宇宙的主宰，是宇宙的目的。人不过只是大自然芸芸众生中的一员。

· 造景——大自然名山大川的野趣和生机，远远超过一切人工的和人造的景物之美，人造园林必须是自然山水的艺术再现，大自然是造园师的伟大导师。

谓之："初发芙蓉，自然可爱"！

......

中国是世界上第一个以大自然为原型进行园林设计的国家。不仅如此，中国人对大自然的深情挚爱、对大自然的领悟、对自然美的敏感，是极其广泛地渗透到哲学、艺术、文学、绘画的所有文化领域之中，至少已有3000年的历史。中国的这种讴歌大自然的风景园林规划设计的传统美学观念，曾经对全世界产生过巨大影响。

中国雄奇瑰丽的自然风光，是中国古代园林艺术灵感的泉源。值得当今全世界大地规划工作者学习！

~~~~~~

多年来，本人在研究世界园林史的同时，也为促进中国现代风景园林在国际风景园林界中与日俱增的影响力不遗余力。在此衷心感谢张祖刚教授在其大作出版之际，给了本人一个与大家共同研究探讨的机会。

本人诚望张祖刚教授的大作能为广大读者提供珍贵的研究和参考资料，并引发大家对逐步走向自然的世界园林史的广泛兴趣，深入思考和不断探讨。

孙筱祥

2012 年 10 月 2 日于北京

注：国际自然与自然资源保护联盟（IUCN）及"EXXON"教育基金会委托美国哈佛大学设计研究生院，于 1986 年在美国哈佛大学召开有 26 个国家的 80 余名世界各国大地规划学术领导人和著名学者参加的"国际大地规划教育学术会议"。孙筱祥教授作为特邀嘉宾在这次国际学术会议上所做的英语学术报告《The Aesthetics and Education of Landscape Planning in China》被选拔为大地规划学科中第一名最杰出国际教育典范。当时的大会主持人司坦尼兹教授称之为"北京模式"，并说："关于大地规划，不但哈佛要向中国学习，全世界都要向中国学习！"。孙筱祥教授这篇学术论文的英文原稿发表于国际《风景与城市规划》学报，1986 年 12 月，第 13 卷 5–6 期合订本，《大地规划教育特辑》，第 481–486 页。（Xiaoxiang, S., 1986, 12, The Aesthetics and Education of Landscape Planning in China, Landscape Urban Plann., 13：481–486）。在此摘录的是孙教授本人所翻译的此篇论文的中文版《中国的大地规划美学及其教育》。

Foreword

On March 20, 2003, I was much impressed to read "An Introduction to the Development of World Gardening—Illustration of the History of World Gardening: toward Nature", written and presented by Zhang Zu-gang, the former vice president and secretary-general of Architectural Society of China, and the chief editor of Architectural Journal.

Now, I am delighted to hear that his second edition of "Illustration of World Gardening History" will be published and feel honored to write a foreword and inscription at his request. His works are informative and inspiring.

Professor Zhang illuminates the world gardening history of thousands of years, in brief and understandable language, with a selection of illustrations and historical references from his large collection. Most important of all, Mr. Zhang has investigated most of the projects listed in the book, and collected first-hand information, which contribute to the completion of the book. His endeavor is worth our admiration.

To share my views on the development of world gardening with Mr. Zhang and readers, I would like to take this opportunity to present here some points argued in my paper, "Landscape Planning Aesthetics and Education in China", published in 1986.

The Distinctively Different Garden Modes between East and West

It is significant to make a brief comparison of the distinctively different garden aesthetics between East and West, so as to promote the Chinese achievement in the interpretation of natural beauty in early historical period, and provide guiding principles for modern environment planners and designers.

European Shaped & Geometric Garden

European garden is the extension of the main building, referred to as outdoor green building.

Main scene——the statues of God and Goddess, the representative of the Emperor and Empress

Subordinating scene——geometric pool, ditch, geometric fountain, waterfall;Art works made of plants such as green tree statue, door, wall, fence, trees in row, embroidery flower bed, a cluster of flower beds, and flower border

Aesthetic theme——"Man" is the dominator and the "purpose" of the universe. Nature is to be transformed according to the orders, laws, arrangements and geometric modes developed in human mind.

Landscaping——All the creations in the garden, artificial, man-made, geometric, and shaped scenes, exceed any natural scenery, thus becoming the highlight of landscaping, elaborately carved and colorfully embellished.

Chinese Garden Featuring Natural Landscape

Chinese garden presents a vivid picture of outside environment integrating into the buildings.

Main scene——mountain and water in nature

Subordinating scene——flowers, birds, breeze and the moon

Aesthetic theme——Nature is the dominator and the purpose of the universe, while man is an element of nature.

Landscaping——Natural charm and vitality of mountain and water exceed the beauty of artificial or man-made scenery. A man-made garden, like a lovely lotus just bursting into bloom, is the artistic representation of nature, while nature is in turn the great source of inspiration for garden designer.

China is the first country to design gardens based on the prototype of nature, with a gardening history of 3000 years. Chinese enthusiasm for and understanding of nature as well as sense of natural beauty have integrated into Chinese culture, in the aspect of philosophy, art, literature, painting and etc. Chinese traditional aesthetics of landscape/garden planning and design, which represent and highlight natural beauty, has exerted a huge influence on the world.

The splendid landscape in China is the source of inspiration for ancient Chinese gardening art, which is enlightening for the landscape planners worldwide.

~~~~~~

Over the years, while studying the world gardening history, I have devoted myself to introducing modern Chinese landscaping and gardening to the world. I'm very grateful for this opportunity, offered by Professor Zhang Zu-gang at the publication of his work, to share my research and communicate ideas with all others.

I'm expecting to see Professor Zhang's work will provide precious reference for readers and inspire interest and further research in the development of world gardening toward nature.

Sun Xiaoxiang
Oct.2, 2012 Beijing

前　言

自 20 世纪以来，首先在欧洲，之后在北美洲、亚洲等地，先后出版了许多关于世界各地园林、花园史的书籍或大学教材，但这些专题书，属于地区性的内容较多，一些论述发展史的内容，缺少全面的、均衡的、明确分期的分析与观点概括。为此，余自 20 世纪 60 年代始，收集资料，思考框架，准备补上这一内容。根据社会发展历史背景，选择典型实例，研究分期及各时期的园林特点，从局部到地区再到洲，分析横向的关系；然后将各个时期连贯起来，分析纵向的发展脉络，找出园林建设的发展趋势，以求在园林建设方面解决一些新世纪继续存在的环境与生态问题。这是编写此书的第一个目的。

写此书的另一用意是，拟作教学改革的试验教材。几十年来，在我国高等院校里，讲中国园林史课程的学时较多，也有的讲一些西方园林史，所占用的课时亦不少，我们认为中外园林史的知识一定要掌握，但要精练，缩短学时，并要提高教学质量，让学生在短时间内，通过典型实例，了解世界园林发展史各个阶段的特点和未来发展趋向。所节省下来的学时，用以增多建筑技术和社会科学的课程。这就是我们拟作改革试验所要达到的增加有用知识信息量的效果，也即编写此书的第二个目的。

园林建设、环境保护事业，是同广大民众密切相关的，大家对于这门知识，既有需要又有兴趣，如果逐步做到人人关心、大家参与这项涉及人们生存环境的事业，就能迅速改善存在的环境生态问题。这本书的写法，以实例图说为主，阐明观点，力求主线清晰，深入浅出，同时适合其他专业和广大民众阅读，具有普及扩大知识面的作用，有利于大家共同搞好园林建设与环境保护事业。这是编著此书的第三个目的。

第四个目的是，促使有历史价值的园林实物得到保护，特别是每个历史阶段有代表性的园林实例，它是转折时期的典型作品，具有极高的历史文化价值，其中一部分尚未受到重视，我们拟将其推荐给联合国教科文组织，争取列入世界文化遗产，加以保护。

探讨世界园林发展史，是一个巨大的研究项目，需要掌握大量的资料，从中才能提炼出典型的有代表性的说明观点的实例材料。在这里首先感谢程世抚先生，他 1929 ~ 1933 年就读于美国哈佛大学、康乃尔大学景观建筑和城市规划专业，学成回国后任浙江大学、金陵大学等校教授，中华人民共和国成立后任中央城建部门总工程师等职，程世抚先生对本人编著此书帮助极大，不仅提供宝贵资料，还提出高视点的研究观点和分析看法，随后我们慢慢感悟到，就是要有五个尺度的概念（即从园林—城市—地区—洲—全球的空间概念），以今天全球生态环境需要来研究园林建设问题；近 20 多年来，还得到广东莫伯治先生和香港霍丽娜女士的关心与支持，这两位学者不断地提供了国外出版的有关园林史的新书籍；在此期间，结合工作的便利，余有计划地赴埃及、两河流域、希腊、日本、意大利、法国、西班牙、俄国、加拿大等地，到现场实地考察、体验、补充资料，书中照片与绘图除署名者外，均为本人之作品，在考察过程中，亦得到许多专家学者的帮助，余将这些人士随笔写在有关章节中；最后，在此书出版过程中，得到中国建筑工业出版社领导和编辑的大力支持和指点，在此一并向上述所有给予帮助的人士表示衷心的感谢。

对于这个巨大研究项目，余所做工作仅仅是个开端，提出了一个框架和基本看法，希望有志做这方面工作的研究学者继续深入研究探讨，使其不断丰富和完善，这是本书的初衷。本书第一版书名为《世界园林发展概论——走向自然的世界园林史图说》，2003 年 2 月出版。

张祖刚
2011 年 9 月写于北京

Preface

Ever since the 20th century, many books or university textbooks on gardens and garden history around the world have been published first in Europe and later in North America and Asia. However, a lot of such books on this special subject are focused on regional character, and some deal with the history of development without presenting an overall, harmonious and explicit analysis and viewpoints. For this reason, I have been collecting materials and constructing a framework to prepare for writing something in this regard. In line with the history and background of the social developments, I have studied the characteristics of garden and garden construction by stages and in different periods through selecting typical examples, and analyzed the horizontal relations between local areas, regions and continents. Then, I have tried to explore the trend of development in garden construction in an attempt to address the environmental and ecological issues existing in the new century by virtue of analyzing the vertical developments of gardens throughout the different periods to identify the trend of development in this area. This is the first goal of the present book.

Another goal of the book is to write a book intended to be used as experimental textbook in the educational reform. For the past decades, in collages and universities in China, many class hours are set for the courses of Chinese and Western garden history. We believe that it is necessary for students to have some knowledge of the garden history of China and foreign countries. But what we teach should be compact within fewer class hours; with improved teaching quality, students should be able to understand the features of the various stages of world garden development and the trend of future developments in a short period time though illustrating typical examples. The class hours may be spent on more courses of architectural technology and social science. This is the effect to be achieved in our intended reform experiment to increase useful knowledge and information, which is also the second goal of the book.

Garden construction and environment protection are closely related to the general public. Acquisition of such knowledge requires demand and interest. If everyone concerns oneself with, and involves in, the course relating to people's living environment gradually, it is possible for the existing ecological environment to be improved rapidly. This book is written mainly by giving illustrations to clarify my views to strive for clear main thread; it explains profound ideas in plain terms to make the book suitable for people in other fields and the general public to read and to make it possible for the book to play the role of popularizing the knowledge and make it accessible to the public at large as this is conducive to garden construction through joint efforts and environment protection course. This is the third goal of the book.

The forth goal is to promote the protection of gardens of historical value, in particular, the typical gardens in each stage of the history as they are the typical works of turning period with extremely high historical and cultural value. But some of them are not attached importance to. We are going to recommend them to the UNISCO with a view to putting them in the List of World Cultural Heritage for enhanced protection.

Exploration of the history of world garden development is a great research project, requiring command of a lot of data from which to select typical, insightful, representative examples. I would first express my gratitude to Mr. Cheng Shifu. Mr. Cheng studied landscape architecture and city planning at Harvard University and Cornell University from 1929 to 1933. Upon graduation, he returned China and has been teaching as a professor at Zhejiang University and Jinling

University. He took the post of chief engineer for the central urban construction department after the establishment of People's Republic of China. Mr. Cheng rendered me great help when I was working on the book by providing me with valuable materials and data, and shared with me his research opinions and analytic view of profound insight. Later, we have come to realize that we should have a five-level concept (namely, the concept of space from garden, city, region, continent and to the whole world), and look into the issue of garden construction from the perspective of the need of global ecological environment. In the recent 20 years, Mr. Mo Bozhi from Guangdong and Ms. Huo Lina from Hong Kang are concerned with, and supported, my work along the line. The two scholars constantly give me new books on history of gardens published abroad. In this period of time, I have been to countries and regions, such as Egypt, the Euphrates and the Tigris River basin, Greece, Japan, Italy, France, Spain, Russia and Canada, doing field research and collecting useful data. Except the photographs and pictures or drawings with authors indicated on, all other works in the work are my own. During my field work in these nations and regions, I received help from many experts and scholars, and I have written about them in the relevant chapters and sections of the book. Last but by no means the least, I would like to sincerely thank the leaders and editors of the china architecture and building press for their great support and help in the process of writing the book.

For the huge research project, what I have done is just a beginning, presenting a framework and some basic views. It is my hope that dedicated scholars will continue to do further in-depth study and exploration to constantly enrich and improve my present work. This is the primary goal of this book. The first edition of the book entitled A General Introduction to World Garden Developments: Illustration of History of Pro-Nature World Gardens published in 2003.

Zhang Zugang
September 2011, Beijing

目　录

概　述

回顾园林发展概况，目的是古为今用，从其发展的脉络中，可以清晰地找出今后园林的发展方向，综合解决好人类生活的环境，使人与自然和谐共生。

为了弄清园林发展的脉络，按六个阶段，选用100个实例，说明各阶段的特点及其前后的联系关系。第一阶段为古代时期（约公元前3000～500年），说明园林的起源和作用。第二阶段为中古时期（约公元500～1400年），欧洲逐步进入封建社会，土地割据，战争频繁，发展修道院和城堡园等；中国处于隋、唐、宋、元朝代，发展自然山水园，日本处于飞鸟、平安、镰仓时代，发展净土庭园和舟游式池泉庭园等。第三阶段为欧洲文艺复兴时期（约公元1400～1650年），此时期意大利规则式的台地园发展起来，成为时尚，影响周围各国；中国处于明代，自然山水园得到进一步发展，日本处于室町、桃山时代，发展了回游式庭园、枯山水和茶庭。第四阶段为欧洲勒诺特时期（约公元1650～1750年），出现了法国的大轴线、大运河"勒诺特"式的规则园林，这种讲求帝王气势的园林于此一个世纪左右在欧洲占据主要位置。第五阶段为自然风景式时期（约公元1750～1850年），在欧洲英国首先倡导崇尚自然，改规则式为自然式园林。第四、第五两个阶段时期，东方中国为清代，中国自然式园林得到空前的发展，但建筑在园林中不断增多，日本是江户时代，回游式庭园趋于成熟。第六阶段为现代公园时期（约公元1850～2000年），美国首先设计建造了新的城市现代公园，英法紧随其后，后发展出更大范围的国家公园等；中国、日本随后也发展出东西方混合式的现代公园和国家公园等。

前四个阶段的园林建造都是为帝王将相等上层少数人服务的，从形式上看，西方的大都为规则式。第五、六阶段，近200多年来，城市化不断发展，城市街道绿化、公园开始得到发展，后又提出建设城市绿地系统，园林绿化才有了为大多数市民服务的内容，其形式转向以自然式为主。近半个世纪以来，自然环境遭到严重破坏，人们越来越意识到保护地球保护生态平衡，也就是保护人类自己。在这样的社会背景条件下，我们从事园林或园林建筑的广大工作者的着眼点要高，要着眼于地球、宇宙，首先要有保护地球自然生态环境的大概念，在此概念的基础上，通过了解园林发展脉络，运用其布局、功能、形式、植物品种配置等优秀的设计手法，作好一个地区或一个点的园林规划与建设。

21世纪园林发展的方向，要从全世界环境生态平衡出发，走向自然，特别要重视发展为大多数人服务的园林。所谓走向自然，就是要重视发展国家公园、自然保护区、风景名胜区以及热带雨林、温寒带森林等；在城市内要发展顺应自然的绿地园林系统及其各个组成部分；于城市内所发展的城市公园、大小游园、居住区绿地、公共活动地段绿化的布局要以自然为主；规则、对称的园林可在街道、广场以及部分公园的局部适当采用。

园林实例数量非常之多，这里仅选了其中100例，它们具有典型的意义，笔者大都到过这些实例的现场，核实过资料与实际情况，因而所提供的文图资料具有可靠性。下面按六个阶段分别论述。

第一章　古代时期

（公元前 3000 ～ 500 年）

园林起源和作用

　　许多讲花园史、园林建筑史的书籍，认为园林的起源是从神话传说中发展起来的，有的说是从基督教天堂乐园"伊甸园"（Eden）的想象翻版而来。我们根据掌握的材料，认为公元前 3000 年就有了造园，花园或园林是受了宗教的影响，至于受基督教、伊斯兰教的影响，那是后期的事。公元前 3000 年以后在埃及、美索不达米亚地区的造园是受当地崇拜各自神灵的影响，但最根本的还是从适应生产生活需要产生的，逐步在发展变化。园林的功能是提供果、药、菜、狩猎、祭神、运动、公共活动，后逐步增加闲游娱乐和文化的内容。

　　这个时期的时间最长，约 3500 年。我们按国家及其园林发展的兴旺时期排列次序，埃及和两河流域美索不达米亚地区发展最早，波斯于公元前 538 年灭新巴比伦，公元前 525 年征服埃及后，波斯园林发展起来，公元前 5 世纪波希战争，希腊取胜后希腊园林迅速发展，后来罗马在地中海沿岸各地占据主导地位，它吸取埃及、波斯特别是希腊的造园做法，发展了罗马帝国的园林。

　　中国的园林亦有悠久的历史，据《诗经》记载，公元前 3000 多年已有灵囿，选在动物多栖、植物茂盛之处，挖沼筑台，称为灵沼灵台，种植蔬菜、水果，具有同埃及、美索不达米亚地区园林一样的作用。这一时期，发展的园林种类有宫苑、神苑、猎苑、宅园、别墅园等。

　　由于园林不宜保存，现以从墓中发掘出的画，从遗址中挖掘出的壁画以及遗址作为例证，选择了埃及的府邸庭园阿蒙诺菲斯三世时某高级官员的府邸花园，首都底比斯的卡纳克阿蒙太阳神庙，美索不达米亚的新巴比伦"空中花园"，同伊甸园传说模式有联系的十字形水系布局的波斯庭园，希腊克里特·克诺索斯宫苑和德尔斐体育馆园地，罗马帝国的劳伦替诺姆别墅园和仿希腊围廊式宅园的庞贝洛瑞阿斯·蒂伯廷那斯住宅以及位于罗马东部的哈德良宫苑，属另一造园体系的中国汉代建章宫苑和文人活动的浙江绍兴兰亭山水园，以这 11 个实例说明各种园林的特点。

埃 及

约公元前 3000 年，上、下埃及王国统一，约公元前 2560 年建起最为宏伟的第四王朝库夫王的金字塔，约公元前 1500 年建起戴尔·爱尔·拜赫里神庙 (Temple of Deir-EL-Bahari)，为台阶大露台式，在其内部及外围植树，形成圣林神苑，系祭祀阿蒙神的。笔者于 1985 年 1 月到现场参观时，仅存建筑，树木皆无。公元前 14 世纪国王阿蒙诺菲斯 (Amenophis) 三世时期，首都在底比斯 (Thebes)，大兴土木，园艺兴旺，这里介绍此时期建成的一位高级官员的庭园和卡纳克阿蒙太阳神庙。

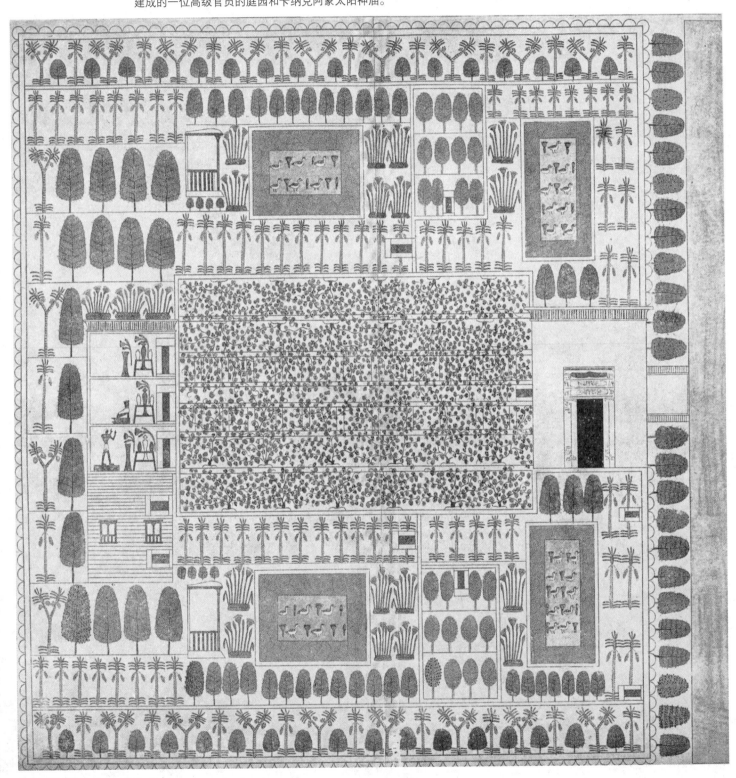

1. 总平面（Marie Luise Gothein）

从墓中壁画可以看到，此宅园为对称式，在中轴线上有一美丽的入口大门，墙外有一条林荫路和一条河；主要建筑位于中轴线的后部，像很多埃及房屋一样，有一前厅，下边是三个房间，上边还有一层；大门与主要建筑之间的空间是葡萄园（Vineyard），包括四个以柱支承成拱形的棚架；主要建筑两旁有敞亭，亭前有花坛，在亭中可俯视两个长方形水池，水中种荷，并有鸭在游动，靠近前边还有两个不同方向的水池；沿围墙和主要建筑后部与两侧种植高树。

2. 复原想象鸟瞰 (Julia S. Berrall，由 Charles Chipiez 1883 年复原)

另外附上一张墓中的装饰画，它比前一张晚几十年，表现的是国王阿蒙诺菲斯四世的朋友梅里拉（Merire）的住所，这是一组院落，一些是高级教士的居住房屋，一些是低一级教士的住屋，还有寺院财产的贮藏室或珍藏室。在这些院子之间种上几排树，后面有一主要花园，其中心部分是一个很大的长方形水池，可能有桔槔（Shaduf or Shadoof），围绕水池植有不同种类的树。

通过这两张壁画，可看出埃及这一时期私人宅园具有以下特点。

1. 有围墙，起防御作用。

2. 有水池，养鸭，种荷，还可灌溉。在这炎热干旱地区，水特别宝贵。采用桔槔从低向高处提水，一端以巨石作平衡，这种提水工具一直沿用到现代，只是构件有所改进，它是具有埃及特点的提水工具。

3. 布局轴线明显，分成规则的几部分。

4. 建筑在主要位置上，入口考究，有园亭。

5. 布置葡萄园、菜园，有的以拱架支承，水旁、墙侧种树遮阴，树种有棕榈、埃及榕和枣椰树等，建筑前有花坛。

6. 有的种有药草，这是埃及教士的擅长。

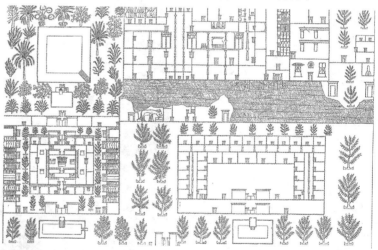

3. 梅里拉 (Merire) 住所平面 (Marie Luise Gothein)

4. 埃及桔槔 (Marie Luise Gothein)

5. 底比斯 "Apoui 花园" 中使用的桔槔 (Marie Luise Gothein)

实例2　卡纳克（Karnak）阿蒙（Amon）太阳神庙

1. 鸟瞰

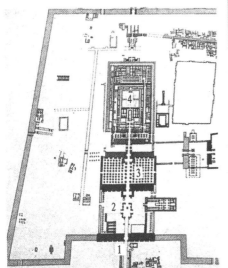

2. 总平面　①入口　②前院　③列柱大厅　④后院

3. 笔者于该神庙中轴线上

4. 列柱大厅前

阿蒙本是中埃及赫蒙的地方神,于公元前 1991 年传至底比斯成为法老的佑护神,又与太阳神瑞融为一体,称为"阿蒙—瑞"神。该神庙建于公元前 14 世纪的埃及首都底比斯,是埃及最为壮观的神庙,具有如下特点。

1.规模大,布局对称,庄严,有空间层次,以建筑为主,配植整齐的棕榈、葵、椰树等,从鸟瞰图可推测出所创造的神圣气氛。

2.在入口高大的门楼前,门前两列人面兽身石雕后植树,同外围树木连接呼应。

3.从入口进入前院,在周围柱廊前与高大雕像后,种植葵、椰树,起烘托作用。

4.从前院进入列柱大厅(Hypostyle Hall),这是此神庙的核心建筑,建筑宏伟,由 16 列共 134 根高大密集的石柱组成,中间两列 12 根圆柱,高 20.4m,直径 3.57m,上面的大梁长 9.21m,重达 65t。笔者于 1985 年 1 月参观到这里,当时惊叹的心情,至今记忆犹新,它是继金字塔后建成的又一雄伟建筑,当时是如何建造的,至今仍是一个谜。

5.在此大厅后面有很多院落,在方尖碑后种植树木,现仅存很少的一部分。

这种类型的神苑圣林,后来在西亚、希腊等地建造许多,与其相似,只是具体做法有所不同,其植树造园都是为了烘托主题。

5. 入口门楼前

6. 前院一角

7. 列柱细部

8. 列柱大厅后院落群

7

美索不达米亚

约公元前 3000 年形成各城市国家，约公元前 1830 年古巴比伦王国成立，约公元前 1100 年亚述帝国成立，据记载，亚述发展了猎苑，公元前 625 年新巴比伦独立，新巴比伦国王尼布甲尼撒二世建造了"空中花园"，该园成为古代世界七大奇迹之一，它对今日的造园有很大的启示作用，这里着重介绍这一实例。

实例 3　新巴比伦"空中花园"
（Hanging Garden）

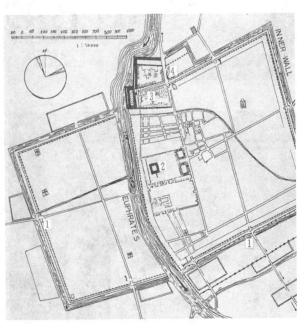

1. 巴比伦 (Babylon) 城平面（当地提供）
①城门 ②塔 ③南宫 ④伊什塔尔门

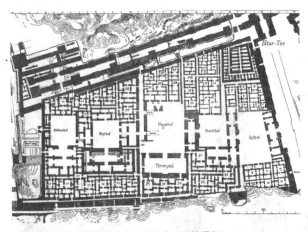

2. 南宫平面，空中花园位于此宫北角（当地提供）

4. 空中花园遗址（当地提供）

3. 尼布甲尼撒 (Nebudchadnezzar) 时期巴比伦城复原，中间为伊什塔尔 (Ishtar) 门，右上角为空中花园（当地提供）

5. 空中花园复原（当地提供）

该园建于公元前 6 世纪，遗址在现伊拉克巴格达的郊区。它是新巴比伦国王尼布甲尼撒（公元前 604～前 562 年），因他的王妃安美依迪斯（Amyitis）出生于波斯习惯于山林生活，而下令建造的"空中花园"。此园是在二层屋顶上建成阶梯状的平台，于平台上种植，据希腊希罗多德描写，总高有 50m。有的文字描述，认为此园为金字塔形的多层露台，在露台四周种植花木，整体外轮廓恰似悬空，故称 Hanging Garden(悬空园)。现有不少书籍，刊登按此叙述绘出的想象图，十分壮丽，但其造型与周围环境同现场实况有一定的差距。笔者于 1985 年 1 月专程赴新巴比伦城遗址凭吊，此园在城北面皇宫的东北角，靠近伊什塔尔 (Ishtar) 门，现场只是一片砖土，当地出版的小册子中所绘想象图比较准确。从这些实物资料分析，该园的特点是：

1. 向高空发展。它是造园的一个进步，将地面或坡地种植发展为高空种植。采用的办法是，在砖砌拱上铺砖，再铺铅板，在铅板上铺土，形成可防水渗漏的土面的屋顶平台，在此土面上种植花木。

2. 选当地树种。种植有桦木 (Birch)、杉、雪松、合欢、含羞草、欧洲山杨、板栗、白杨。这些是美索不达米亚北部树种。

3. 像空中花园。整体一片绿，还有喷泉、花卉，从上可以眺望下面沙漠包围的河谷，从下仰望，有如悬空的"空中花园"，非常壮观。

这个 2500 多年前的实例，对于我们今后建筑的发展具有极大的参考价值，20 世纪的世界各地已建造了许多屋顶花园，21 世纪还会更多地修建与发展这种悬空绿地，以使人、建筑与自然结合得更为直接、紧密，还可减少温室效应的影响。

6. 空中花园复原想象 (J.Beale 绘)

7. 伊什塔尔门复原

8. 伊什塔尔门西城墙雕饰

9. 笔者眺望现场

10. 巴比伦城外幼发拉底河

波　斯

公元前 6 世纪，波斯帝国十分强大，灭新巴比伦，征服埃及，公元前 334 年被马其顿王亚历山大大帝所灭，至公元 3 世纪再次创立，于公元 7 世纪又被阿拉伯帝国灭亡。公元前 6 世纪至公元前 4 世纪，正是《旧约》逐渐形成的过程，所以波斯的造园，除受埃及、美索不达米亚地区造园的影响外，还受《旧约》律法书《创世纪》中的"伊甸园"（指天堂乐园）的影响。由于此时期的造园遗址无存，所以用公元 6 世纪就已出现的波斯地毯上描绘的庭园为例。这个实例很重要，它是后来发展的波斯伊斯兰园、印度伊斯兰园的基础。

实例 4　波斯庭园

波斯造园是与伊甸园传说模式有联系的。传说中的伊甸园有山、水、动物、果树，考古学家考证它在波斯湾头。Eden 源于希伯来语的"平地"，波斯湾头地区一直被称为"平地"。《旧约》描述，从伊甸园分出四条河，第一条是比逊河，第二条是基训河，第三条是希底结河（即底格里斯河），第四条是伯拉河（即幼发拉底河）。此地毯上的波斯庭园，体现出的特征是：

1. 十字形水系布局。如《旧约》所述伊甸园分出的四条河，水从中央水池分四岔四面流出，大体分为四块，它又象征宇宙十字，亦如耕作农地。此水系除有灌溉功能，利于植物生长外，还可提供隐蔽环境，使人凉爽。

2. 有规则地种树，在周围种植遮阴树林。波斯人自幼学习种树、养树。Paradise 字义是把世界上所有拿到的好东西都聚集在一起,这字是从波斯文 Pardes 翻译的，意为 Park。波斯人喜欢亚述、巴比伦狩猎与种树形成的 Park，所以抄袭、运用，还种上果树，包括外来引进的，以象征在伊甸园上帝造了许多种树，既好看又有果实吃，还可产生善与恶的知识。这与波斯人从事农业、经营水果园是密切相关的。

3. 栽培大量香花。如紫罗兰、月季、水仙、樱桃、蔷薇等，波斯人爱好花卉，他们视花园为天上人间。

4. 筑高围墙，四角有瞭望守卫塔。他们欣赏埃及花园的围墙，并按几何形造花坛。后来他们把住宅、宫殿造成与周围隔绝的"小天地"。

5. 用地毯代替花园。严寒冬季时，可观看图案有水有花木的地毯。这是创造庭园地毯的一个因由。

地毯上的波斯庭园（Marie Luise Gothein）

希 腊

希腊于公元前5世纪兴盛起来，哲学思想家、文人和市民的民主精神兴起，各地大兴土木，包括园林建设。著名的雅典卫城就是在这个时期建成的，它祭奉雅典守护神雅典娜，具有神园的风格。前面已介绍埃及阿蒙太阳神庙的实例，这里就从略了。此时，住宅庭园得到发展，其特征是周围柱廊中庭式庭园，以后罗马采用了这种样式，因有2000年前庞贝城此类住宅的实物，故在罗马节中介绍。下面仅介绍两个实例，一是克里特·克诺索斯宫苑，说明早期希腊的宫苑文化和迷园的起源；另一是德尔斐体育馆园地，这是一个公共活动的场所，雅典人喜欢群众活动生活，所以将园林与聚会广场、体育比赛场所等结合起来，人们在这里聚会、比赛、交换意见、辩论是非。

实例5 克里特·克诺索斯宫苑
（Palace of Knossos）

该园建于公元前16世纪克里特岛，属希腊早期的爱琴海文化，此宫苑可学习之处及影响有：

1. 选址好，重视周围绿地环境建设。建筑建在坡地上，背面山坡上遍植林木，创造了优美的环境。

2. 重视风向，夏季可引来凉风，冬季可挡住寒风，冬暖夏凉，建筑配以花木，环境宜人。

3. 克里特人喜爱植物，除种植树木花草外，在壁画和物品上亦绘有花木，用以装饰室内，于冬季在室内亦可看到花和树。

4. 建有迷宫，后来世界各地建造的迷园即起源于此。中世纪时期各地建造迷园风靡一时，18世纪在中国、西班牙修建的迷园将在后面介绍。

宫苑中大厅和台地遗址（Marie Luise Gothein）

实例6 德尔斐体育馆园地
(Delphi Gymnasium)

体育比赛源于希腊，所建体育练习与比赛的场所，也源于希腊。这个实例的特点是：

1. 位于两层台地上。这与新巴比伦的"空中花园"有联系，台地的层层绿化与周围的树林，创造了宜于运动的自然环境。

2. 在建筑方面，上部有多层边墙，起挡土作用，下部有柱廊，柱廊有顶盖，供运动员使用或休息。

3. 在低台部分的室外建有沐浴池。这是第一个建在室外的浴池，其他地方也安排有沐浴池。

4. 这个体育馆，有时作为哲学家辩论对话的场所。

这里专门提一下希腊盆花。盆花的来源与阿多尼斯有关。阿多尼斯（Adonis）是爱神阿佛洛狄忒（Aphrodite）所恋的美少年，因阿多尼斯夭，为纪念他，于春天在花盆之中种植茴香（Fennel）、莴苣（Lettuce）、小麦（Wheat）、大麦（Barley）等，以悼念过早去世的阿多尼斯，将花盆置于屋顶，随后发展到一年四季以此盆栽装饰屋顶。后来罗马人继承了这个习俗。

1. 遗址全貌（Marie Luise Gothein）

2. 沐浴池（Marie Luise Gothein）

附1. 阿多尼斯（Adonis）花园
（Marie Luise Gothein）

附2. 瓶上的阿多尼斯花园装饰
（Marie Luise Gothein）

罗　马

罗马帝国于公元前 200 年左右在地中海沿岸占据主导地位后，在园林方面有所发展，引进了许多植物品种，发展了园林工艺，将实用的果树、蔬菜、药草等分开，另外设置，提高了园林本身的艺术性。同时吸取了埃及、亚述、波斯运用水池、棚架、植树遮阴以及希腊的周围柱廊中庭式和台地造园的做法等。下面介绍有代表性的别墅园、住宅庭院和宫苑三个实例。

此园建于公元 1 世纪，系罗马富翁小普林尼（Pliny the Younger）在离罗马 17 英里（27.36km）的劳伦替诺姆海边建造的别墅园。公余之暇可乘马车来到这里休息、进膳或招待宾客。此地非常安静，除非有大风才能听到波涛声。这一别墅园的设计特点是：

1. 主要面朝向海，建筑环抱海面，留有大片露台，露台上布置规则的花坛，可在此活动，观赏海景。

2. 建筑的朝向、开口，植物的配置、疏密，都与自然相结合，使自然风向有利于冬暖夏凉。从海面望此园景，前有黄杨矮篱，背景为浓密的成群树木，富有景观层次。

3. 建筑内有三个中庭，布置有水池、花坛等，很适宜休息闲谈。

4. 入口处是柱廊，有塑像。各处种上香花，取其香气。主要树木为无花果树和桑树，还有葡萄藤架遮阴和菜圃。建筑小品有凉亭、大理石花架等，内容十分丰富。

该设计重视同自然的结合，重视实用功能是值得我们今日参考的。

实例 7　劳伦替诺姆别墅园
（Laurentinum Villa）

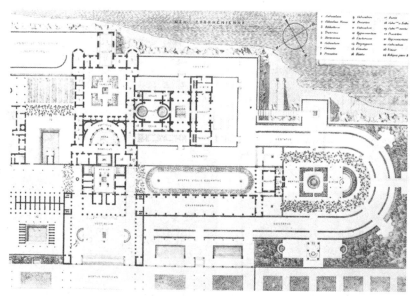

1. 平面复原（Moniteur）

2. 剖面复原（Moniteur）

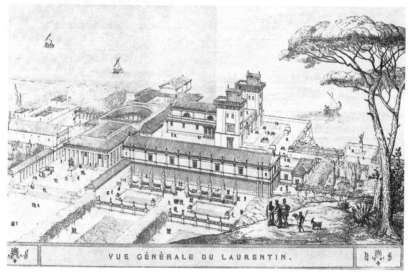

3. 透视复原（Moniteur）

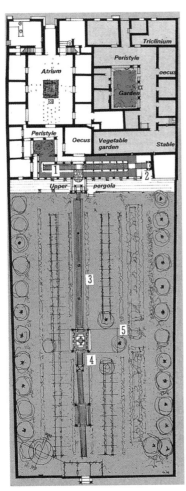

1. 平面（Alberitc. Carpiceci）
①横渠　②横渠端部壁画　③长渠
④ "euripus" 小庙　⑤后花园

2. 后花园长渠

3. 横渠端部壁画

4. 住宅部分与后花园衔接的横渠

庞贝（Pompeii）城在意大利南部，于公元 79 年 8 月 24 日因维苏威火山爆发被埋毁，18 世纪被挖掘出。现介绍的这所庞贝住宅园是两千年前的实物。它是庞贝城中最大的住宅园，笔者专门参观了此园，它具有住宅园多方面的特点。

1. 前宅后园，整体为规则式。

2. 住宅部分包括三个庭院，为两种类型。入口进来是一水庭内院，中心为方形水池，设有喷泉，周围种以花草，这可称之为水池中庭；在此中庭的前、侧面有两个列柱围廊式（Peristyle）庭院，此内院周围是柱廊，中间建成绿地花园，这种装饰的花园叫 Viridarium。这两种类型中庭式宅园源于希腊。由于现场不完整，以维提（Vettii）中庭式宅院代替。

3. 在住宅部分与后花园之间，以一横渠绿地衔接，在横渠流动的水中有鱼穿梭，在一端布置有雕塑和喷泉，墙上绘有壁画，渠侧面有藤架遮阴。

4. 后花园的中心部分是一长渠，形成该园的轴线，直对花园出口，此长渠与横渠垂直相连通，中间布置一纪念性大喷泉，这里成为全园的核心景观。长渠两侧，平行布置葡萄架，葡萄架旁种有高树干的乔木以遮阴，于院墙两侧摆满花盆。此园虽规则但很有层次。

另外附上庞贝运动场、剧场、浴场现状照片，从中可看出罗马人的公共活动开展得很好，这是受希腊的影响。

5. 后花园

6. 长渠中间纪念性喷泉后部的 "euripus" 小庙

附 1. 维提列柱围廊式庭院（Rolando Fusi）

附 2. 庞贝比赛场

附 3. 庞贝剧场

附 4. 庞贝浴场

实例9 哈德良宫苑
(Hadrian's Villa)

1. 总平面（Marie Luise Gothein）

2. 总体模型复原（Georgina Mssson）
Ⓐ水中剧场 Ⓑ Canopus 运河 Ⓒ Pecile 半公共花园 Ⓓ艺术珍品馆

此园建于公元 118～138 年，地点在罗马东面的蒂沃利（Tivoli），是黑德里爱纳斯皇帝周游列国后，将希腊、埃及名胜建筑与园林的做法、名称搬来组合的一个实例，这是它的特点。其内容是：

1. 面积大，建筑内容多，除皇宫、住所、花园外，还有剧场、运动场、图书馆、学术院、艺术品博物馆、浴室、游泳池以及兵营和神庙等，像一个小城镇。多年来，它用作政府中心，因而可称为宫苑。

2. 模型 A 处是水中剧场，它是一个小花园房套在圆形建筑内，由圆形的水环绕着，其形如岛，故称水中剧场，内部有剧场、浴室、餐厅、图书室，还有皇帝专用的游泳池。

3. B 处是运河，是在山谷中开辟出的 119m 长，18m 宽的开敞空间，其中一半的面积是水，以 Canopus 运河闻名。在其尽头处为宴请客人的地方，水面周围是希腊形式的列柱和石雕像，其后面坡地以茂密柏树等林木相衬托，其布局仍属希腊列柱中庭式，只是放大了尺度。

4. C 处是长方形的半公共性花园，长 232m，宽 97m，四周以柱廊相围，内有花坛、水池，可在这里游泳和游戏比赛。

5. D 处是珍藏艺术品的博物馆。

3.Canopus 运河入口（Georgina Masson）

4.Canopus 运河（Georgina Masson）

6. 水中剧场遗址（Marie Luise Gothein）

5. 水中剧场（Georgina Masson）

7. 维纳斯神庙（Georgina Masson）

中　国

在历史记载的灵囿基础上，秦汉时期又发展了宫苑。苑中有宫，有观，有园林。有的苑中养百兽，供帝王狩猎，此猎苑保存了囿的传统。西汉时还出现有贵族、富豪的私园，规模比宫苑小，内容为囿与苑的传统，以建筑组群结合自然山水，如梁孝王刘武的梁园，茂陵富人袁广汉构石为山的北邙山下园等。至南北朝时期，形成了由山水、植物、建筑组合的自然山水园。下面介绍汉武帝刘彻建造的最大宫城建章宫苑和浙江绍兴兰亭自然山水园。

该宫苑建于公元前2世纪，位于陕西西安。选择这个实例，主要是说明它是"一池三山"园林形式的起源。书中记载，建章宫"其北治大池，渐台高二十余丈，名曰太液地，中有蓬莱、方丈、瀛洲，壶梁象海中神山、龟鱼之属"。这种形式一直为中国后世所仿效，并影响到日本。如中国的杭州西湖、北京的颐和园等都采用了这一模式。从景观来看，这种模式确实可丰富景色，从岸上观水面，增加了景色层次，从水中三山上可看到依水而建的主题景色。所以说，"一池三山"形式是一种造园的手法，但要视具体情况灵活采用。

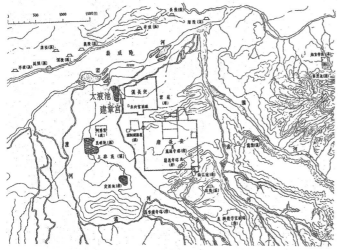

1. 位置（引自《中国建筑史》）

2. 建章宫鸟瞰（原载《关中胜迹图志》）
①蓬莱山　②太液池　③瀛洲山　④方壶山　⑤承露盘

1. 流觞曲水（中间坐者为张铸先生）

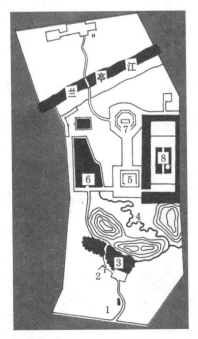

2. 平面　①大门 ②鹅池亭 ③鹅池 ④流觞曲水
⑤流觞亭 ⑥兰亭碑亭 ⑦御碑亭 ⑧王右军祠

3. 兰亭与流觞曲水

4."流觞曲水"画

此园位于绍兴市西南 14km 的兰渚山下。最早是在晋代永和九年（公元 353 年）夏历三月初三日，大书法家王羲之邀友在此聚会，他写了一篇《兰亭集序》，序中描述有："此地有崇山峻岭，茂林修竹，又有清流激湍，映带左右，引以为流觞曲水。""流觞曲水"做法，自此相传下来，每逢三月初三日，好友相聚水边宴饮，水上流放酒杯，顺流而下，停于谁处，谁就取饮，认为可被除不祥。后在园林中常建"流觞曲水"一景，如在北京故宫乾隆花园、恭王府花园、潭柘寺园林中都设有此景。这里介绍此实例，主要是说明这一时期的中国造园，大都选在自然山水优美处，其布局亦是自然风景式，对植物本身不作整形，同样为自然样式。此园的具体特点有：

1. 自然造景。进入此园，系依坡凿池建亭，创造一鹅池景，相传王羲之爱鹅，亭中"鹅池"碑上之字系王羲之所书。转过山坡见兰亭，右转，即为由山坡林木、曲水、石组成的"流觞曲水"景。此二景皆为自然景观。

2. 建筑布局较为规整。北面建筑的中心形成一轴线为流觞亭、御碑亭，御碑亭内有康熙御笔《兰亭序》和乾隆诗《兰亭即事一律》。其西为"兰亭"碑亭，"兰亭"两字为康熙所书；其东为"王右军祠"，系一对称的水庭院落，内有王羲之塑像，回廊壁上嵌有唐宋以来 10 多位书法名家临摹《兰亭集序》的石刻。

3. 历史文化景观。此园成名，除自然景观富有情趣外，主要是有王羲之《兰亭集序》书法、御笔、历代书法家临摹以及"流觞曲水"等文化内容。

5. 鹅池

6. 王右军祠

附：北京故宫乾隆花园"流觞曲水"

第二章 中古时期

（约公元 500 ～ 1400 年）

历史背景与概况

罗马帝国在公元 395 年分为东西两部。公元 479 年西罗马帝国被一些比较落后的民族灭亡，经过较长一段战乱时期，欧洲形成了封建制度。我们将西罗马灭亡至公元 1400 年左右资本主义制度萌芽之前划为一个阶段，即公元 500 ～ 1400 年，称其为中古时期。我们不能以形成封建制度为界，因东西方进入的时间相差甚远。在中古时期，欧洲是以基督教为主，基督教分为两大宗，西欧为天主教，东欧为东正教。

公元 395 年后，东罗马是以巴尔干半岛为中心，属地包括小亚细亚、叙利亚、巴勒斯坦、埃及以及美索不达米亚和南高加索的一部分，首都君士坦丁堡，是古希腊的移民城市拜占庭旧址，后来称拜占庭帝国。公元 7 世纪，穆罕默德创建了伊斯兰教，此教在阿拉伯统一国家形成过程中起了很大的作用。至公元 8 世纪中叶，阿拉伯帝国形成，其疆域东到印度河流域，西临大西洋，是一个横跨亚非欧三洲的大帝国，中心在叙利亚。当时，世界上只有中国（唐朝）能与其相比。公元 9 世纪后期，阿拉伯帝国日趋分裂。阿拉伯所征服的埃及、美索不达米亚、波斯、印度等地，都是世界文化发达较早地区，他们吸取各地优秀传统文化，形成新的阿拉伯文化，这一文化影响着西亚、南亚和地中海南岸的非洲和西班牙等国。此时期的东方是以儒家、佛教文化为主。因而可以说，中古时期基督教、伊斯兰教、佛教三大教文化影响着各地域的造园。

西部欧洲受基督教文化影响，发展了修道院园和堡垒园。中部受伊斯兰教文化影响，发展了波斯伊斯兰园、印度伊斯兰园和西班牙伊斯兰园，它们的造园基调基本一致，但有各自的地方特点；因波斯伊斯兰园、印度伊斯兰园现存实例的建园时间偏后，故将其放在第三阶段介绍。东部中国佛教禅宗无色世界观思想影响着造园，并波及日本，在中国有些地方的造园，亦受老子、道教崇尚自然的影响；由于此时期中国发展的自然山水园的类型较多，所以多举了几个实例。

这一时期所举的实例，包括拜占庭的达·艾路·卡利夫皇宫园，此园系院落群布局，在院落中布置花坛，中心有水池喷泉，并配置花木；意大利圣·保罗修道院，它代表了修道院仿伊甸园庭园布局的基本模式，在回廊式方形中庭中由十字形路划分出四块规则形绿地，中心处布置喷泉水池；法国万塞讷城堡园和一幅《玫瑰传奇》插图，这是应战乱社会需要而发展的一种格局，城堡内种植生活需要的草木，城堡外密植树丛；《玫瑰传奇》插图说明了中古时期园林的技艺已达较高的水平，还说明公元 11 世纪后，战争逐渐平息，城堡园已逐步转向休闲娱乐的功能；西班牙格拉纳达的阿尔罕布拉宫苑和吉纳拉里弗园，它们是西班牙伊斯兰园的典型，西班牙称其为"Patio"（帕提欧）式，由阿拉伯式的拱廊围成一个方形的庭园，庭园中轴线上布置水池或水渠、喷泉，四周种以灌木或乔木，以适应夏季干燥炎热的气候。此外，中国方面举了五个实例，包括两个文人园，一个是在陕西，唐代的辋川别业，另一个是在苏州，宋代的沧浪亭园林，此二园是诗人画家的别墅，园主自己参与设计修建，使自然景观更富有诗情画意，将园林艺术又提高了一步；还有一个可为广大市民使用的自然山水式的城市大园林杭州西湖，西湖紧贴城市，"三面云山一面湖"，湖中鼎立三个小岛，是沿袭汉代建章宫太液池中立有三山的做法，即"一池三山"模式，湖的西、南、北三面绿树成林，造有许多景点，各有特色，形成"园中之园"景观；第四个实例是皇宫的后花园北京西苑（今北海部分），此园是在一片沼泽地上，挖池堆山，造成山水园，山上造景多处，池的东、北面陆续开辟了许多景点，以游览路线将这些园中之园连接起来，山顶高处是城市立体轮廓的标志点，还起到城市防御的作用；第五个实例是中国寺庙式园林四川都江堰伏龙观，周围环境清幽，寺庙整体布局为台地庭院式，中轴线突出，林木遮阴，在中轴线侧面布置自然式小花园，供前来寺庙的大众歇息，它代表了中国寺庙园林的特点。日本这一阶段处于飞鸟时代（公元 593 ~ 701 年），受中国汉建章宫"一池三山"影响，营造神话仙岛；794 年建都平安京（现京都），进入平安时代，盛行以佛教净土思想为指导的净土庭园，称其为舟游式池泉庭园，这里选岩手县毛越寺庭园为例；后进入镰仓时代（公元 1192 ~ 1333 年），其净土思想与自然风景思想相结合，在舟游式池泉庭里加进了回游式，这里选京都西芳寺庭园为例。

拜占庭

6世纪时，拜占庭帝国十分强大，它的版图包括埃及、北非、西亚、意大利和一些地中海岛屿，它的建筑与园林文化是吸取古埃及、两河流域、古希腊、罗马的文化，将其融合在不同地区的建设中，后日渐没落，版图缩小，受阿拉伯伊斯兰文化影响，15世纪被土耳其所灭。

实例12 达尔卡利夫（Dar-El-Khalif）皇宫园

这一实例代表着拜占庭皇宫园林，同时也具有周围地区宫园的特点。它在现伊拉克巴格达，建于917年，早已毁坏，这张附图是根据表面开挖画出的推测图。其特点是：

1. 整体布局严整，有明显的中轴线，建筑与绿地的整体均为规则式。
2. 庭院结合建筑，采用院落群的布置方式，在院落中布置规整的花坛，有的中心设有水池和喷泉，并配置树木。
3. 环境好，有条运河沿边通过。
4. 建筑内容丰富，有伊斯兰清真寺和竞技场等，可进行球类比赛游戏。

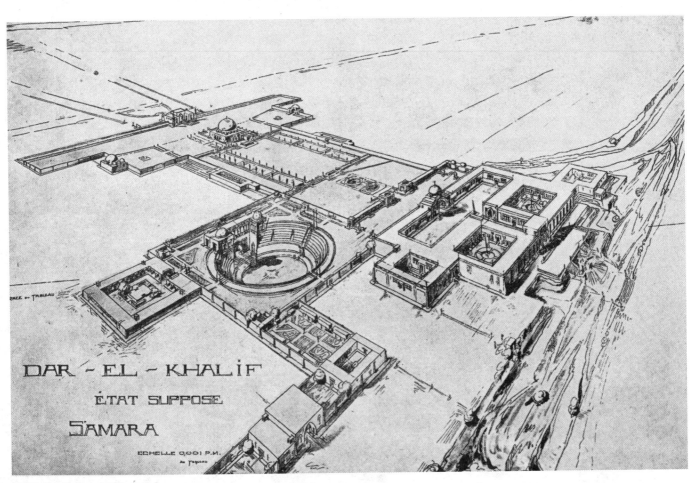

复原鸟瞰（Marie Luise Gothein）

意大利修道院

修道院建筑于6世纪初创建在意大利罗马附近，它在意大利从南到北发展起来，北至阿尔卑斯山脚下都建有修道院，后影响到法国、英国等地。它相当于中国的寺院，僧侣们过着自给的生活，下面举一实例说明它的建筑庭园特征。

该园位于罗马城郊。其建筑与庭园布局形式为回廊式中庭，是仿效希腊、罗马周围柱廊式中间为露天庭园的做法，只是尺度放大了。周围建筑由教堂及其他公共用房组成。方形中庭由十字形路划分成四块规则形绿地，这个庭园是僧侣休息和交往的地方。从布局来看，这是修道院仿伊甸园的基本模式。至于绿地的内容和建筑小品、喷泉、水池的配置则各有不同。

修道院封闭的庭园绿地，种植药材、果树和蔬菜，以供生活需要。有的修道院庭园用地宽敞，种果树，但主要种药用植物，如柠檬（可止痛）、春黄菊（治肝病）等。后来，有的将这些实用植物搬至另外地方种植，庭园建花坛配以观赏树木，中心放置水池喷泉，变为纯观赏的庭园。还有的修道院发展规模很大，如公元9世纪初建在瑞士的圣加尔（St. Gall）修道院，不仅有教堂、僧侣用房，还有校舍、病房、客房、饲养家畜用房、农舍、园丁房以及菜园、果园、药草园和墓地等，但其突出的中心地带是修道院的回廊式中庭。

回廊式中庭（Marie Luise Gothein）

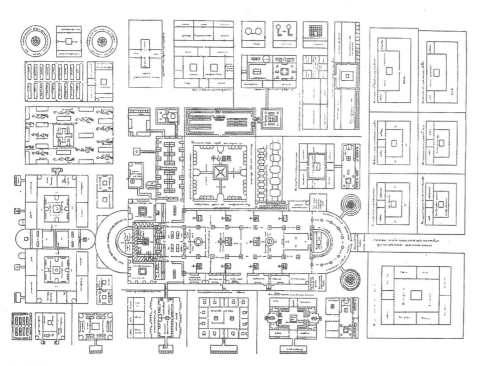

附：瑞士圣加尔（St.Gall）修道院平面图（Marie Luise Gothein）

法国城堡园

欧洲中古时期，宗教统治，封建割据，战争不断，社会混乱，所以城堡园在法国和英国等地发展起来。它的特点是四周筑有城墙、城楼的防御城堡，其内是领主的府邸，布置有庭园，城堡之外亦有园林。这种形式的产生，主要是由于要防御敌人的攻击。下面介绍一个法国实例和一张长诗《玫瑰传奇》（Roman de la rose）手抄本中的插图，该长诗是 13 世纪法国诗人吉亚梅·德洛里斯（Guillame de Lorris）所作，这张绘图是当时画家对城堡庭园的写实画。

实例 14　巴黎万塞讷城堡园

(Castle Of Vincennes, Paris)

在城堡内种植有玫瑰（Rose）、万寿菊（Marigold）、紫罗兰（Violet）等，在城堡外密植树丛。

城堡园与修道院的相似之处是，根据自给的需要，栽植有果树、药草和蔬菜，并逐步增多观赏的花木、修剪的灌木和建筑小品、喷泉、盆池、花台、花架等，将观赏娱乐和实用结合在一起。

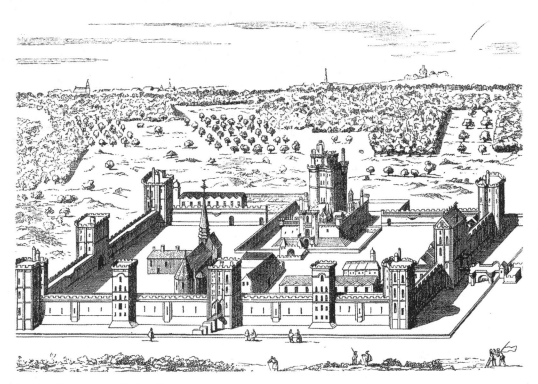

复原鸟瞰（Marie Luise Gothein）

实例 15 《玫瑰传奇》插图

这是城堡内的庭园，庭园在城墙之内，墙外是一对情人，进门来是以石围起的花坛，后面种植着整齐的果树，此园内一位男士正在倾听另一园内传来的悦耳歌声，环境清幽典雅，再往左通过木制的格墙门进入另一庭园，中心是圆形水池，池中立着铜制的狮头喷泉，水顺沟渠流出到墙外，人们在奏曲高唱，心绪格外放松，后面倾听者十分入神，脚下是草地，背后是茂密的花木，这一庭园花香鸟语，琴声歌声，绿树成荫，流水潺潺，亲切、简朴、美妙、愉快，给人以美的享受。这种中古时期园林的技艺和观赏的结合，达到较高水平，是以后造园艺术的基础。公元 11 世纪以来，战事逐步在平息，随之城堡园的生产实用功能也逐渐转向休息娱乐消遣的方面。

透视画（Roman De La Rose）

西班牙伊斯兰园

伊斯兰教是如何传人西班牙的呢？公元 711 年阿拉伯人和摩尔人（摩尔人是阿拉伯和北非游牧部落柏柏尔人融合后形成的种族）通过地中海南岸侵入西班牙，占领了比利牛斯半岛的大部分。在 13 世纪末，西班牙收复失地运动大体完成。阿拉伯人只剩下位于半岛南部一隅的格拉纳达王国的据点，一直到 1492 年这个据点才被收复，从此结束了长达 7 个世纪被阿拉伯人占领的局面。这里介绍的两个典型的西班牙伊斯兰园，就建在格拉纳达城的皇宫内。

实例 16　阿尔罕布拉（Alhambra）宫苑

1. 鸟瞰画（当地提供）

2. 位置（当地提供）

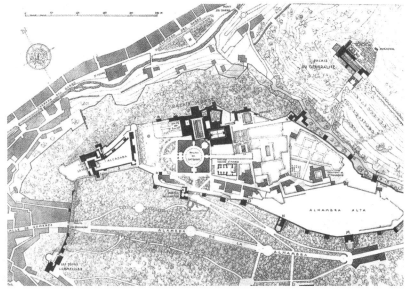

3. 总平面（Hélio paul et Vigier，1922）

28

该宫建于公元 1238 ~ 1358 年，位于格拉纳达（Granada）城北面的高地上。此宫建筑与庭园结合的形式是典型的西班牙伊斯兰园，它是把阿拉伯伊斯兰式的"天堂"花园和希腊、罗马式中庭（Atrium）结合在一起，创造出西班牙式的伊斯兰园，西班牙称其为"Patio"（帕提欧）式。下面着重介绍此宫庭园方面的特点。

1. 这组建筑由四个"帕提欧"和一个大庭园组成的"帕提欧"的特征是：①建筑位于四周，围成一个方形的庭园。建筑形式多为阿拉伯式的拱廊，其装修雕饰十分精细。②位于中庭的中轴线上，有一方形水池或条形水渠或水池喷泉。在夏季炎热干燥地区，水极为宝贵，可取得凉爽湿润的感觉。③在水池、水渠与周围建筑之间，种以灌木、乔木，其搭配数量各不相同。④周围建筑多为居住之所，还有些地方将几个这类庭园组织在一起，形成"院套院"，这一点同苏州园林相仿。此宫庭园的四个"帕提欧"具有上述的全部特征，十分典型。

2. 姚金娘庭院（Court of the Myrtle Trees）

这个庭园是 45m×25m，正殿是皇帝接见大使举行仪式之处，庭园南北向，两端柱廊是由白色大理石细柱托着精美阿拉伯纹样的石膏块贴面的拱券，轻快活泼，建筑倒影水池之中，形成恬静的庭园气氛。在水池两侧种植两条姚金娘绿篱，故此处名为"姚金娘"庭园。它是属于中庭为大水池的"帕提欧"类型。

3. 狮子院（Court of Lions）

此院为 30m×18m，是后妃的住所。此庭院是属于十字形水渠的"帕提欧"类型，水渠伸入到四面建筑之内，在水渠端头设有阿拉伯式圆盘水池喷泉，可使室内降温清凉。庭院四周是由 124 根细长柱拱券廊围成，其柱有三种类型，即单柱、双柱和三柱组合式，显得十分精美。最突出之处是在院的中央，立一近似圆形的十二边形水池喷泉，下为 12 个精细石狮雕像，水从喷泉流下连通十字形水渠，此石狮喷泉成为庭院的视线焦点，形成高潮，故此院名为狮子院。原院中种有花木，后改为砂砾铺面，更加突出石狮喷泉。

4. 林达拉加花园（Lindaraja garden）

从狮子院往北，即到此园，这处后宫属于中心放置伊斯兰圆盘水池喷泉的"帕提欧"类型。环绕中央喷泉布置规则式的各种花坛，花坛是以黄杨绿篱镶边。在此花园西面，还有一柏树院（Cypress court），是后来 17世纪时扩建的，同样属于中心喷泉式"帕提欧"类型。

5. 帕托花园（Pattie garden）

这一花园不是以建筑围成的园，不属于"帕提欧"型。

4. 姚金娘庭院

5. 姚金娘庭院侧面

这里比较开敞，是一台地园，下面有一大水池，沿其轴线的台地上有一水渠，水沿阶流下同池水相连，在此眺望城下景色，视野开阔，这些是此园的特色。在此又形成了一个景观高潮。

6. 狮子院水渠伸入建筑中

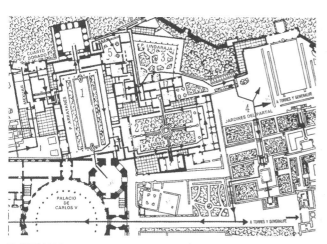

7. 平面（Editorial Escudo de Oro，S.A.）
①姚金娘庭院 ②狮子院 ③林达拉哈花园 ④帕托花园 ⑤柏树庭院

8. 狮子院中央石狮雕像

9. 狮子院拱券

10. 狮子院围廊

11. 林达拉加花园

12. 帕托花园（从台上下望）

13. 帕托花园（从底下水池上望）

实例 17 吉纳拉里弗园（Generalife）

它是另一个宫廷庭园。当地还有一种说法，根据园的名称是从"Gennat-Alarif"而来，其意是"Garden of the architect"，即建筑师的花园，为建筑师所有。此园位于阿尔罕布拉宫东面，顺阿宫城墙左转即可到达。其特点是：

1. 这处庭园比阿尔罕布拉宫高出 50m，可纵览阿宫和周围景色，它与阿宫形成互为对景的关系，彼此呼应，整体和谐，这是此园的一大特点。

2. 在进入主要庭园之前，布置有一长条形的多姿多彩的条形花园，在条形花园的纵向轴线上设有条形水池，水池间放有不同形状的水池喷泉，水喷成拱门形状，水池两侧布满花卉和玫瑰，在花卉两旁有绿篱绿树相衬，层次丰富，色彩鲜艳。此园具有明显的导向性，使游人轻松地漫步到北面尽头的庭院内。

3. 从条形花园北端的庭院中转一个方向，就进入了此园的主庭园，它是一个典型的中庭为条形水池的"帕提欧"。所围建筑为拱廊式，条形水池纵贯全园，池边喷出拱状水柱，两侧配以花木，在阳光照射下，五彩缤纷，灿烂夺目。在条形水池两端，还各置一形如莲花的喷泉，使此主庭园显得格外精致。在这里形成了一个结束参观前的景观高潮。

1996 年 7 月，中国建筑师代表团 100 多人，在参加第 19 届国际建筑师协会大会后，专程到格拉纳达城观看这两个历史名园，大家都兴奋不已，在园中流连忘返。

上述 6 个实例，可大致看出西欧、西亚中古时期园林发展的特点，就其总体而言，造园是封闭式的，布局是规则式的，它反映了当时社会政治思想的特点。

1. 条形花园中部大水池喷泉

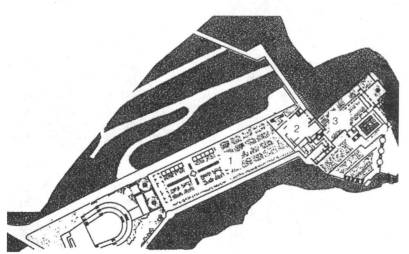

2. 平面（Editorial Escudo de Oro, S.A.）
①条形花园 ②转折处庭院 ③主庭园

3. 石盆喷泉

4. 从拱廊望主庭园

5. 主庭园

6. 转折处庭院

中 国

实例 18　辋川别业

这一阶段主要为隋、唐、宋（辽、金）、元朝时期，中国的自然山水园得到了发展，一些文人参与造园，使景观富有"诗情画意"，将园林艺术提高了一步。这里选择了5个实例，两个文人园，即唐代辋川别业、宋代苏州沧浪亭，一个城市大园林杭州西湖，一个皇家园林北京西苑北海，还有一个寺庙园林四川伏龙观。

此园是唐代诗人兼画家王维（公元701～761年），在陕西蓝田县西南10多公里处的辋川山谷修建的别墅园林，今已无存。但从《关中胜迹图志》中可看到其大致面貌。该别墅园的特点是：

1. 利用山林溪流创造自然山水景观。在山川泉石所形成的景物场地，于可休息处、可观景处筑亭馆，创造富有"诗情画意"的景点。

2. 景点"诗情画意"。入园后不远，过桥进入斤竹岭下的文杏馆，因岭上多大竹，题名"斤竹岭"，在岭下谷地建文杏馆，"文杏裁为梁，香茅结为宇"，得山野茅庐幽朴之景；翻过茱萸沜，又有一谷地，取"仄径荫宫槐"句，题"宫槐陌"，此景面向欹湖；欹湖景色是："空阔湖水广，青荧天色同，舣舟一长啸，四面来清风"，为欣赏这湖光山色，建有"临湖亭"；沿湖堤植柳，"分行接绮树，倒影入清漪"，"映池同一色，逐吹散如丝"，故题"柳浪"。

3. 景点连贯形成整体。进园入山谷，游文杏馆、斤竹岭、木兰柴、茱萸沜、宫槐陌，过鹿柴、北垞、临湖亭，再览柳浪、栾家濑、金屑泉等景点，这条路线有陆、有水，将景点串联在一起，构成辋川别业园的整体。

辋川别业园图（原载《关中胜迹图志》）

实例 19　苏州沧浪亭

1. 全景画（南巡盛典 1771 年）

3. "崇阜广水"的自然景观

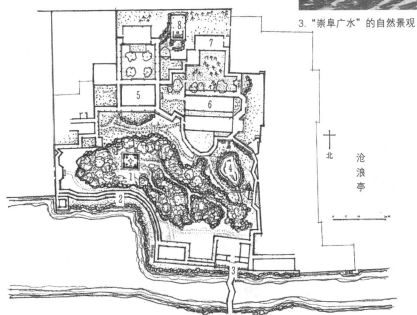

2. 平面　　①沧浪亭 ②复廊 ③入口 ④水池 ⑤明道堂 ⑥五百名贤祠 ⑦翠玲珑 ⑧看山楼

4. 沧浪亭一角

5. 从复廊内侧望沧浪亭

该园位于苏州城南部的三元坊附近，是现存最为悠久的一处苏州园林。五代末为一王公贵族别墅，北宋诗人苏舜钦（子美）购作私园，公元1045年在水边山阜上建沧浪亭，并作《沧浪亭记》，逐渐出名。后几度易主，清康熙时大修，形成今日之规模，占地1hm² 多。该园的特点是：

1. "崇阜广水"的自然景观。此园最早最自然，主景"开门见山"，这一点与其他苏州园林不同，外临宽阔的清池，池后为一岗阜，自西向东土石相间屹立，山上建一石柱方亭，名为沧浪亭，在此亭中可纳凉赏月，清风明月本无价，观赏此景诗意浓。

2. 互相借景，景色丰富。在池山之间建一复廊，廊外东头建观鱼处，西面有面水轩，在这里可俯览水景，通过复廊漏窗可看到园内山林景色。此复廊将山水结合，并使园内外景色沟通，游人在园外，就可观赏到层次丰富的主景，在园内复廊漫游，又把水景引入园中，内外互相借景。南端的见山楼，可眺望到郊野美丽的山景。

3. 竹翠玲珑，名人刻像。此园还有两处值得提出，一是在园西南部布置的翠玲珑馆，它位于碧竹丛中，环境清幽，取自苏舜钦诗句"日光穿竹翠玲珑"的意境；二是在主体建筑明道堂西面的五百名贤祠，壁上嵌有历史上同苏州有关的五百位名人的刻像，这些内容都体现着该园的诗情画意和历史文化。

6. 西部水池柱廊

7. 明道堂庭院

8. 翠玲珑

1. 小瀛洲莲叶荷花

2. 小瀛洲初冬水景

3. 里西湖新绿春景

4. 平面

该自然风景大园林位于杭州市的西面，因湖在城西面，故称"西湖"。在古代西湖是和钱塘江相连的一个海湾，后钱塘江沉淀积厚，塞住湾口，乃变成一个潟湖；直到公元600年前后，湖泊的形态固定下来；公元822年，唐代诗人白居易来杭任刺史，他组织"筑堤捍湖，用以灌溉"；公元1089年，宋代诗人苏东坡任杭州通判，继续疏浚西湖，挖泥堆堤；17世纪下半叶，清康熙皇帝多次巡游西湖，又浚治西湖，开辟孤山。唐宋时期奠定了西湖风景园林的基础轮廓，后经历代整修添建，特别是1949年中华人民共和国建立后，挖湖造林、修整古迹，使西湖风景园林更加丰富完整，成为中外闻名的风景游览胜地。其具体特点有：

1. 城市大型园林。西湖紧贴城市，"三面云山一面城"，这就是西湖园林的地势位置的特点，它同样起着城市"肺"的作用，比起巴黎两个森林公园的作用更为直接。这一特点在中外城市中是存在的，但是极为稀少。

2. 湖山主景突出。现西湖南北长3.3km，东西宽2.8km，周长15km，面积5.6km²，湖中南北向苏堤、东西向白堤把西湖分割为外湖、里湖、小南湖、岳湖和里西湖五个湖面，通过桥孔五湖沟通。西湖的南、西、北三面为挺秀环抱的群山，山清水秀是西湖的主要景观，其整体面貌十分动人。

3. "一池三山"模式。在外湖中鼎立着三潭印月、湖心亭和阮公墩三个小岛，这是沿袭汉代建章宫太液池中立三山的做法，北京颐和园是仿西湖的布局，也是"一池三山"模式。

4. 园中之园景观。这是中国造园的一大特点，园中有许多园景，游览路线将其连接起来形成有序的园林空间序列。西湖的周边、山中、湖中都组织有不同特色的园景，在下面几点中将分类介绍。

5. 林木特色景观。许多景点，绿树成林，各有特色，如灵隐配植了七叶树林，云栖竹林格外出名，满觉陇营造了桂花林、板栗林，南山、北山、西山配置了成片的枫香、银杏、麻栎、白栎等，西湖环湖广种水杉、间有棕榈等，考虑常青与落叶、观赏与经济相结合，很好地构成了西湖主题景色的背景，并突出了各个景点的特色。

6. 四季朝暮景观。考虑春夏秋冬、晴雨朝暮不同意境景观的创造，这又是一个中国造园的特点。西湖的春天，有"苏堤春晓"、"柳浪闻莺"、"花港观鱼"景观；夏日，"曲院风荷"，接天莲叶无穷碧，映日荷花别样红；秋季，"平湖秋月"，桂花飘香；冬天，"断桥残雪"，孤山梅花盛开。薄暮"雷峰夕照"，黄昏"南屏晚钟"，

夜晚"三潭印月"，雨后浮云"双峰插云"。这著名的"西湖十景"，以及其他许多园中园景观展现了四季朝暮的自然景色。

7. 历史文化景观。如五代至宋元的摩崖石刻，东晋时灵隐古刹，北宋时六和塔、保俶塔、雷峰塔，南宋岳王庙，清珍藏《四库全书》的文澜阁，清末研究金石篆刻的西泠印社等历史文化景观，还有历代著名诗人画家留下的许多吟咏西湖的诗篇和画卷，以及清康熙、乾隆皇帝为十景的题字立碑等。这些景观，为武昌东湖所不及，因而东湖很难胜过西湖。

8. 小园大湖沟通。西湖周围的小园景观不断地增多丰富，这些小园景色与西湖大的景观相结合，构成了其独特的景观。如西面的汾阳别墅，又称郭庄，为清代宋端甫所建，后归郭氏，内部园林以水面为主，但此水通过亭下拱石桥与西湖连通，游人立于亭中，向内可观赏小园景色，向外可纵览开阔的西湖全貌，令人心旷神怡。又如北面孤山的西泠印社，建于1910年前后，系一台地园林场所，若从孤山后面登上，站在台地上或阁中，可俯览西湖外湖全景，游人的感受由封闭的花木山景一下过渡到开敞的湖光景色，对比强烈，西湖美景显得格外开阔，这是将台地园景与大西湖景色沟通，紧密联系在一起的一个做法。

西湖园林，是利用自然创造出的自然风景园林，极富中国园林特色，它是中国乃至全世界最优秀的园林之一。

5. 西湖自然景色

6. 汾阳别墅主景

8. 石洞沟通小园与大湖（汾阳别墅）

7. 登楼可望西湖开阔之景（汾阳别墅）

9. 西泠印社高台主景

11. 西泠印社中部印泉与登山道

10. 从西泠印社四照阁望西湖开敞景色

12. 西泠印社平面

①后山 ②吴昌硕纪念馆 ③华严经塔 ④题襟阁 ⑤四照阁
⑥石室 ⑦印泉 ⑧柏堂 ⑨外西湖

13. 西泠印社后山林木景色

1. 南面荷景

2. 西面全景

3. 琼岛春阴画（18 世纪）

西苑是北海、中海、南海的合称，但此苑的起源部分是在北海，因而在这里仅着重介绍北海部分。10 世纪辽代时，这里是郊区，是一片沼泽地，适于挖池造园，遂在此建起"瑶屿行宫"；金大定十九年（1153 年）继续扩建为离宫别苑；元至正八年（1348 年）建成为大都城中心皇城的禁苑，山称万岁山，水名太液池，山顶建广寒殿；清顺治八年（1651 年）拆除山顶广寒殿，改建喇嘛白塔，山改名白塔山，至乾隆年间，题此山为"琼岛春阴"景，成为燕京八景之一，并在北海太液池东北岸营建了许多建筑，丰富了北海园景，成为今日的模样。该园的特点是：

1. "琼岛春阴"主景突出。北海的中心景物就是白塔山，即琼岛。岛上建有白塔、永安寺，其中轴线与团城轴线呼应，这一呼应的轴线构成了北海的中心，其他景物都是围绕这个中心布置的。岛的底部布置有阅古楼、漪澜堂等，岛的山腰部分建有庆霄楼庭院和回廊曲径、山洞等，还立有清乾隆皇帝所题"琼岛春阴"碑石和模拟汉代建章宫设置的仙人承露铜像。环绕琼岛是太液池水，山水相映，岛景十分突出。

2. 城市水系重要一环。自 13 世纪元代之后，这里已成为城市的中心地带，北京城的水系是自西北郊向东南郊方向连贯，北海太液池水是北京城水系的重要组成部分，起着连通的作用。

3. 西苑宫城相依相衬。元、明、清三代皇宫皆在今紫禁城位置，西苑北海、中海、南海与景山在其西面北面，以拱形相依，无论在使用功能上，在环境改善上，还是在建筑艺术方面，都是相互依存、相互衬托，构成一个宫苑整体。这一完美的宫苑建筑群实例在世界上也是少有的。

4. 城市立体轮廓标志。北京历史文化名城优美，还在于它具有韵律般的城市立体轮廓，近于 60m 高的琼岛白塔顶就是其中之一，它是北京旧城的一个重要标志。此制高点，在过去还起着防御的作用，遇有紧急情况时，白日鸣炮，晚上点灯，通知有关部门。

5. 园中之园相互联系。除琼岛上各景点相互联系外，北海水面四周设置许多景点，从岛东过桥顺东北岸游览，园中园有濠濮间、画舫斋、静心斋、天王殿、五龙亭、小西天等，游览路线将其联系贯通。静心斋的园景，除自身园林布局精巧外，它还通过高视景点同北海大园景取得联系，在此可近视小园、远望大园，相互因借。琼岛南对岸的团城是松柏葱郁的又一空中园中园，此城与琼岛的联系更加紧密。

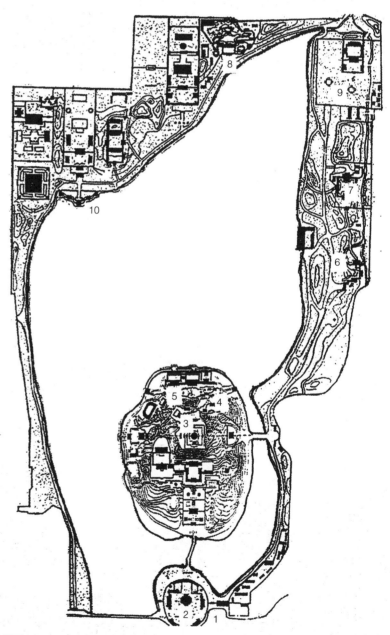

4. 平面　①入口　②团城　③白塔　④琼岛春阴碑
⑤承露盘　⑥濠濮间　⑦画舫斋　⑧静心斋　⑨蚕坛　⑩五龙亭

5. 琼岛白塔全景（新华社稿）

6. 承露盘（立于琼岛西北半山上）

7. 从五龙亭望琼岛

8. 玉瓮雕刻

9. 濠濮间

10. 静心斋中心沁泉廊、镜清斋

11. 静心斋叠翠楼上可远眺北海景山景色

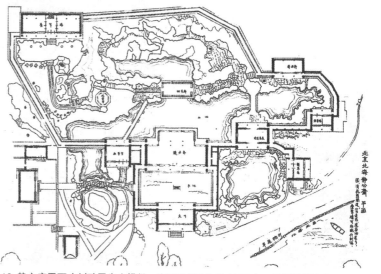

12. 静心斋平面（刘致平先生提供，此图系刘先生于 1937 年 4 月测绘调查）

实例 22　四川都江堰伏龙观

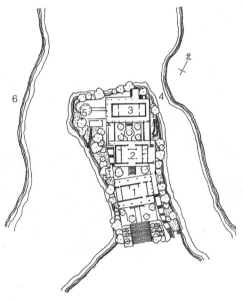

1. 平面
①老王殿　②铁佛殿　③玉皇楼　④宝瓶口　⑤观澜亭　⑥人字堤

2. 全景

3. 侧面及小庭园

该观位于四川都江堰的离堆之上，11世纪北宋时称为伏龙观，系道教寺庙。传说李冰治水在此宝瓶口下降伏了"孽龙"（江水），故称伏龙观。此离堆东南低、西北高，原与东北对岸之石连为一体，后建分流之水将其凿开，因而叫离堆。此观的特点是：

1. 周围环境，自然幽美。地处两水交叉宝瓶口处，四周山水环绕，向西、北眺望，是宽广的岷江，横跨的安澜索桥，苍绿古林中的二王庙和赵公山、大雪山，景色辽阔自然，古朴幽美。

2. 台地庭院，林木遮阴。此观为三进院落，中轴线突出，三层台地庭院逐步升高，庭院中对称布置树木，院小树顶宽大，庭院常在阴影之下，四面通风，夏日清凉。一层台地为老王殿，二层台地为铁佛殿，三层最高台地是玉皇楼，登楼可纵览自然山水全景。

3. 侧面小园，大众歇息。三层台地东侧布置有小园，西侧安排有船房、观澜亭和绿地。此道观，过去每逢进香之日，对大众开放，这些小园，就作为大众停留歇息之处。

以上选址、庭院、小园就是中国寺观园林的基本特点。

4. 入口

5. 铁佛殿前庭院

6. 玉皇楼前庭院

7. 离堆外景（左为宝瓶口）

日　本

这一阶段日本正处于飞鸟时代（公元593～701年），这时期的日本园林受中国汉代建章宫"一池三山"营造神话仙岛的影响；公元794年迁都平安京（现京都），进入平安时代（公元794～1185年），这一时期盛行以佛教净土思想为指导的净土庭园，又可称作舟游式池泉庭园，现存遗址为数极少，这里选岩手县毛越寺庭园为例；后进入镰仓时代（公元1192～1333年），此时追求净土思想与自然风景思想的结合，在舟游式池泉庭园中加进回游式的特点，这里选京都西芳寺庭园为例，它是这一时期的精品之作。

西芳寺庭院平面图等皆由张在元先生提供。

实例23　岩手县毛越寺庭园

该园设计是以佛教净土思想为指导，创造一种理想的极乐净土环境的庄严气氛，其构图是受佛教密宗曼荼罗象征圣地图形的影响，具有明确的中轴线，贯穿着大门、桥、岛与建筑，主要建筑大殿位于此中轴线的尽端，正对南大门，大殿前方左面布置钟楼，右面安排鼓楼，突出对称格局。池中有岛，寓意仙岛，池面开阔、自然，在此净土庭园的池水中可以泛舟游赏，所以将此净土庭园称作"舟游式池泉庭园"。

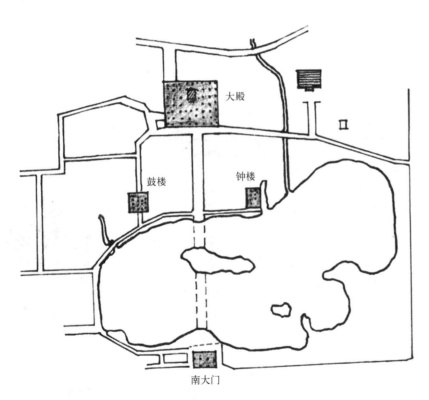

平面

实例 24　京都西芳寺庭园

该园位于京都市西南部，建于 14 世纪上半叶，是由镰仓时代著名造园家梦窗国师设计，占地 1.7hm²，其特点是：

1. 舟游带回游。此园改变了以往舟游式池泉庭园的布局，环绕池岛布置建筑、亭、桥、路，并将寺僧使用的堂舍以廊相连，这些路、廊成为游赏之通道，所以该园带有回游式的特点，创造出舟游式带有回游式的庭园。

2. 最早枯山水。在山坡之处布置了枯瀑石组，这是日本最早创造出的枯山水，是后来禅宗寺院中建造的独立枯山水庭的基础。

3. 别称苔寺。此园大部为林木、青苔覆盖，共有苔类 50 多种，因而又称苔寺。

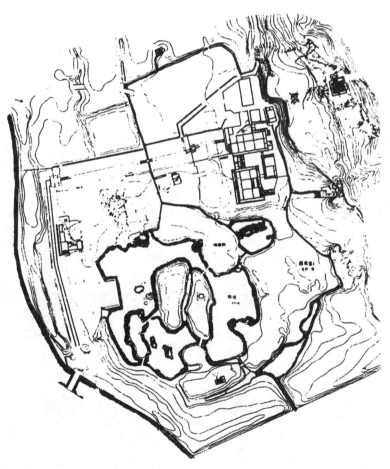

平面（Irmtraud schaarschmidlt Richter）

49

第三章　欧洲文艺复兴时期

（约公元 1400 ~ 1650 年）

历史背景与概况

　　欧洲文艺复兴发源于意大利，14 ~ 15 世纪是早期，16 世纪极盛，16 世纪末走向衰落。当时意大利威尼斯、热那亚、佛罗伦萨有商船与君士坦丁堡、北非、小亚细亚、黑海沿岸进行贸易。政权为大银行家、大商人、工场主等把持。城市新兴的资产阶级为了维护其政治、经济利益，要求在意识形态领域里反对教会精神、封建文化，开始提倡古典文化，研究古希腊、罗马的哲学、文学、艺术等等，利用其反映人肯定人生的倾向，来反对中世纪的封建神学，发展资本主义思想意识。意大利城市一时学术繁荣，再现了古典文化，并借以发挥，所以将此文化运动称为文艺复兴。这是资本主义文化的兴起，而不是奴隶制文化的复活。文艺复兴的这种思想是人文主义。人文主义是与以神为中心的封建思想相对立，它肯定人是生活的创造者和享受者，要求发挥人的才智，对现实生活取积极态度。这一指导思想反映在文学、科学、音乐、艺术、建筑、园林等各个方面。

　　意大利是个多山多丘陵的国家，全境 4/5 为山丘地带，海岸线很长，有 7000 多公里，河、湖、泉不少，在原有基础上，文艺复兴时期迅速地发展了台地园，建筑、台地连续有序，变化多样，立于高层台地上，可俯览全园，并可眺望周围大自然景色，犹如空中花园；在其周围可看到这层层高起的绿色景观，亦如望到空中花园一般，这一花园模式的创新发展，成为当时的热点，欧洲各国纷纷效仿。这一时期选择意大利佛罗伦萨郊区卡斯泰洛美第奇家族别墅园为第一个实例，是因为佛罗伦萨是文艺复兴的起源地，美第奇是银行家，是推动文艺复兴发展的重要人物之一，他们在这一地区连续修建了几处台地园别墅，这一卡斯泰洛台地园，简洁精致，可代表文艺复兴早期的特点。15世纪下半叶，土耳其攻占了君士坦丁堡后，中断了佛罗伦萨与东方的贸易，使佛罗伦萨的经济萎缩，16世纪上半叶又因西班牙新大陆、新航线开拓，意大利的经济和工商业城市进一步衰落。此时只有罗马城在教皇的政治影响下，反而大兴土木，繁荣起来，使罗马成为新的文化中心，虽然统治者在变换，教皇当政，封建贵族复辟，但古罗马文化仍被推崇，因而这时成为文艺复兴的兴盛时期。位于罗马西北面巴尼亚亚的兰特别墅园和罗马东面蒂沃利的德斯特别墅园具有丰富的台地特征，因而将它们作为这一兴盛时期的第二、第三个实例。16世纪下半叶教皇镇压宗教改革运动，宫廷恢复旧制度，禁锢人们思想，压制科学进步，使一些文化、艺术、建筑人才离开罗马前往北部，使北部城市的建筑与园林得到发展，意大利文艺复兴运动转入到晚期，建筑与园林的新特点是形成"巴洛克"式，据此选择佛罗伦萨的波波里花园和意大利最北端马焦雷湖中的伊索拉·贝拉园两个实例代表晚期的典型，它们在园艺与手法等方面都有新的进展，但在建筑与建筑小品上的装饰过多，为显示华丽追求了形式的烦琐。除上述代表文艺复兴初期、中期、晚期不同特点的五个实例外，还根据初期由中世纪城堡园特征转变的特点，简要介绍了卡雷吉别墅园；按照台地的不同布置、移放精美雕像的特点，简单介绍了彼得拉亚别墅园；再在罗马于文艺复兴中晚期兴建了不少的别墅园，其特征是台地不突出在中轴线上，规模宏大，建筑壮观，建筑前布置一花坛广场，精美的喷泉塑像放置在全园各处，方格或放

射形道路环以四周，格网中布置果树、丛林或蔬菜园等，在这里选择罗马美第奇别墅园为代表，作一简要介绍；位于罗马东边的阿尔多布兰迪尼别墅园，创造出壮观美丽的水剧场及其后面的层叠的瀑布，只是装饰多了些，它代表罗马地区中晚期转变到巴洛克式的实例，故对此园作一简单介绍。

15世纪至17世纪上半叶，意大利园林建设成就非凡，许多欧洲国家仿效这种造园模式，影响面很广，在这一章中列举法国六个实例，西班牙和英国各两个实例说明这一问题。

这一时期波斯进入兴盛的萨菲王朝，在伊斯法罕建设了园林中心区，具有波斯和伊斯兰造园融合的特点，我们选择了这个代表西亚地区的实例。南亚印度，此时正处在莫卧尔帝国时代，将印度教与伊斯兰教结合在一起，反映在建筑与造园方面，形成印度伊斯兰式的特点，这里选用了最具代表性的有世界奇迹之称的泰姬陵和巴基斯坦夏利玛园两个实例。

这一阶段，东亚中国处于明代，自然山水园在进一步发展，空间序列组合更为完整，诗情画意的整体性更强，园林的内容更为丰富，在此着重介绍具有这种典型特点的苏州拙政园、无锡寄畅园，同时介绍具有坛庙园林特点的北京天坛。日本这一时期是室町、桃山时代和江户时代初期，是日本造园艺术的兴盛时代，选择两个知名的金阁寺庭园和银阁寺庭园实例，反映发展了的回游式、池泉庭园特点；还有两个著名的实例，龙安寺石庭、大德寺大仙院，它们代表已发展成熟的枯山水艺术。

意大利

随着文艺复兴的发展，意大利成为欧洲园林发展的中心，它影响周围地区，各地纷纷效仿于它。意大利造园的特点是利用坡地造成不同高度的露台园，并将这些不同标高的台地联系成一整体，这是他们在造园方面的贡献。根据文艺复兴的初期、极盛、衰落三个时期，意大利的台地园也可分为简洁、丰富、装饰过分（巴洛克）三个阶段的三种特征。按此三种特征分别举例，加以说明。

实例 25　卡斯泰洛别墅园
（Villa Castello）

1. 沿中轴线从一层台地向北望

2. 从三层台地向南俯视一、二层台地园（1995 年，右图 1922 年前）

3. 鸟瞰画

该园位于佛罗伦萨西北部，它是美第奇（Pier Frarlnesco de' Medici）家族的别墅园。初建于1537年，虽时间稍后，但它体现了初期简洁的特点，故以此为例代表简洁型。它的具体特点有：

1. 台地园。建筑在南部低处，庭园位于建筑北面的平缓坡地上，在此坡地建成三层露台的台地园。一层为开阔的花坛喷泉雕像园，二层是柑橘、柠檬、洞穴园，三层是丛林大水池园。

2. 布局为规则式。庭园中心有一纵向中轴线，贯穿三层台地；建筑Casino南面又有另外一条轴线，这种手法可称其为错位轴线法。

3. 典型的花木芳香园。春、夏、秋季十分迷人，玫瑰花盛开，广玉兰兴旺，夹竹桃带着似柳的嫩枝，二层台地上摆放的盆栽柑橘树、柠檬树叶茂枝繁，整个庭园飘浮着丰富的芳香气味。

4. 带有精美的雕像喷泉。在一层台地的花坛中间布置一个顶部为大力神（Hercules）同安泰厄斯神（Antæus）角力的雕像喷泉，喷泉的立柱周围还附有古典人像，猜想是美第奇家族的半身塑像。这个喷泉雕塑是在意大利看到的最好的一个，从整体到小孩、山羊头、野鹅等每个细部都制作得十分完美。有人认为这是特里博洛（Tribolo）的作品。还有一精美的山林水泽仙女喷泉塑像，后被移放在彼得拉亚（Petraia）别墅中。

5. 秘密喷泉。在一层台地进入二层台地时，中间布置有踏步，当人走过时从这里喷出许多细水柱。这些秘密喷泉，在老的意大利园中都能见到，在炎热之季，它能湿润石造物，起降温作用，还能增加游园人的兴趣。

6. 洞室。在台地之间挡土墙的前檐下部，人工作成洞室，在夏季酷热时，这个隐蔽处十分阴凉，这是因遮阴凉爽需要而发展的。

7. 动物雕塑。以野鸡、凶猛鸟禽雕塑作为建筑端部装饰。艺术家凿出世界各地的像雄鹿、公羊、狮子、熊、猎狗、背负猴子的骆驼以及水生贝壳动物等雕塑，将其大部分放在洞室内。这种喜爱动物生活的情趣，反映了文艺复兴的思想面貌。

8. 大水池。在三层台地的中心部位有一大池，周围密植冬青和柏树，中间有一岛，岛上放一巨大的象征亚平宁山（Apennines）的老人塑像，老人灰发，忧郁，双臂相抱，胡子上有水流下，代表泪和汗。这个大水池是全园用水的水源，起水库的作用。

下面介绍两个丰富型的台地园

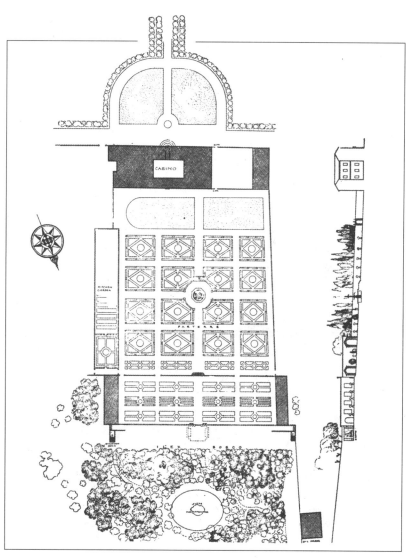

4. 平面（Marie Luise Gothein，1928年以前）

5. 中心雕像喷泉（现顶部雕像已被拿掉）

6. 中心雕像喷泉（Hélio Paul et Vigier，1922 年前）

7. 一、二层台地连接处

8. 二、三层台地之间的壁墙

10. 三层台地水池岛上老人塑像

11. 三层台地丛林

9. 洞室动物雕塑

12. 别墅园东面的树丛（称其为 Park）

1. 一层平台（Hélio Paul et Vigier 1922 年以前）

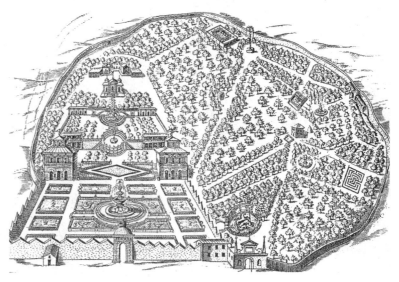

2. 鸟瞰画（Marie Luise Gothein）

该园位于罗马西北面的巴尼亚亚（Bagnaia）村，在卡普拉罗拉园（Caprarola）北。此园初建于14世纪，只是一个狩猎用的小屋，15世纪添了一个方形建筑。公元1560～1580年红衣主教甘巴拉（Gambara）修建了花园，1587年他的继承人卡萨莱（Casale）将园送给蒙塔尔托（Monltalto），他建造了美丽的中心喷泉。这个台地园的特点是：

1. 风格统一。据说是著名建筑师维尼奥拉（Vignola）和朱利奥·罗马诺（Giulio-Romano）设计的。全园建筑、水系、绿化整体统一协调，这种总体控制的思想超过了其他的意大利园林。

2. 台地完整。花园位于自然的山坡，创造了四层台地。最低一层呈方形，由花坛和水池雕塑喷泉组成，十分壮观；通过坡形草地和两侧对称房屋登上第二层平台，台面呈扁长方形，这里左右各有一块草地，种有梧桐树群；然后，通过奇妙的圆形喷泉池两边的台阶上到第三层平台，这里的空间大了一些，中间为长方形水池，两侧对称地布置种有树木的草坪；第四层台地是最上面的一层，宽度缩窄，为下面的1/3，在其纵向方面分为两部分，在低部分的相当大的斜面上，设计有连锁瀑布，贯穿中轴线，高的部分是平台，中心放一海豚喷泉，其后以半圆形洞穴结束。

这四层台地，在空间大小、形状、种植、喷泉、水池等方面都是有节奏地变化着，并以中轴线和台地间的巧妙处理将四层台地连成一个和谐的整体。其效果超过了任何一个现存的老的意大利花园。

3. 水系新巧。各层平台的喷泉流水，达到了极好的装饰效果。它是托马西（Tomasi）指导设计的，他曾在蒂沃利（Tivoli）建造过水的装置，但在此园超过了以前做过的，取得了新巧而价廉的效果。在一层占据1/4花坛面积，做成一个正方形的大水池，四周围以栏杆，四方正中各设一桥通向中心圆形岛，岛中立一美丽的雕塑喷泉，有四人群像伸直手臂托着一组纹章官的（Heraldic）雕饰。喷水从他们的脚下涌出，群像下的狮子口中有喷水流下，从栏杆柱上的面罩雕刻物口中也有流水落入池中。二、三层平台之间的圆形喷泉，做得同样精美。三、四层平台之间的半圆形水池，水从四层坡道跌水流入此池中，是通过蟹爪雕饰滚出的（蟹是甘巴拉（Gambara）家族的标志），水池两侧躺着河神，构成了一组壮丽的水景。这些水景和完整的台地以及柳暗花明的对比，可称为此园的"三绝"。

4. 高架渠送水。全园用水是由别墅后山上引来的流水供应，是采用一条小型的22.5cm宽的高架渠输送。

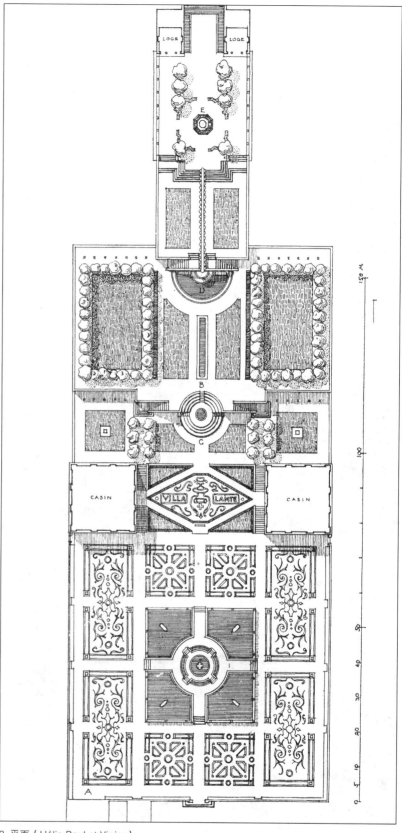

3. 平面（Hélio Paul et Vigier）

5. 围有大片树林。在此园左侧成片坡地上栽植树木，同前例卡斯泰洛园东面一样，形成大片树林，称之为Park，这是公园Park的来源。在这里冬青木和悬铃木交叉沿着小径种植。现在的树木范围缩小了。这一树林的作用是多方面的，改善气候，土水保持，还可衬托出花园主体。

4. 从三层平台俯视一、二层平台

5. 一层平台中心喷泉雕塑（Sandro Vannini）

6. 一层平台侧面绿篱花坛

8. 二层平台

7. 一、二层平台连接的台阶

9. 二、三层平台间圆形水池喷泉

10. （1922 年前）从三层 平台 俯视一、二层平台

11. 三层平台长方形水池

12. 三、四层平台连接处喷泉河神雕塑

13. 三、四层平台间斜面连锁瀑水

14. 四层平台对称建筑

15. 四层平台建筑内装饰

17. 四层平台尽端水池

18. 侧入口台阶旁水池喷泉雕饰

16. 四层平台喷泉

19. 周围大片树林

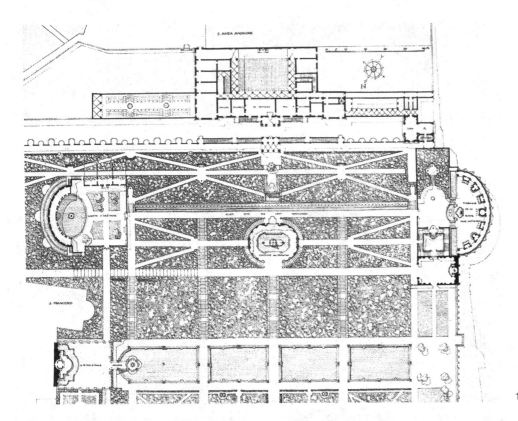

1. 平面（Hélio Paul et Vigier）

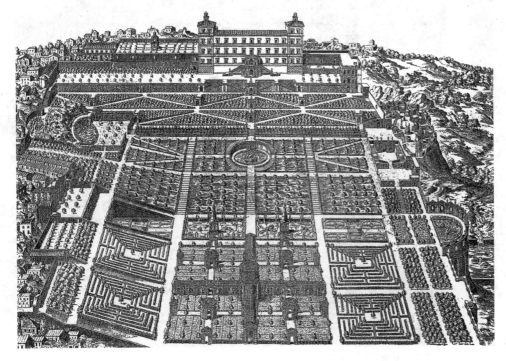

2. 鸟瞰画（Mavie Luise Gothein）

该园位于罗马东面40km的蒂沃利（Tivoli）城，始建于1549年。它是意大利文艺复兴极盛时期最雄伟壮丽的一个别墅园。它的特点是：

1. 选址优美。在罗马东面远郊区，利用一块缓坡地，古柏树尖参天，在柏树后还可看到遗留的老城残墙，向西望去日落点正好是罗马。这里的春天，大路两旁柏树、冬青挺立，深色的玫瑰与之相衬，红紫荆落花如雨。当时被认为是意大利别墅园中选址最好的一个。这说明该园选址是与当地环境和周围远处的大环境统一考虑的，取得了很好的联系。

2. 规模宏伟。占地面积大，为200m×265m。自1549年伊波利托·德斯特（Ippolito D'Este）被教皇保罗三世指定为蒂沃利的地方官起，德斯特决定在这里修建自己的住宅，只有他能获得如此多的土地来建造花园。为了扩建，还拆毁部分村庄，以墙围起，作为保留用地。

3. 布局壮丽。纵向中轴线，从高处住宅往下一直贯穿全园。横向主要有多条轴线，居中的横轴与纵轴交叉处，设一精美的龙喷泉池，是全园的中心所在；在龙喷泉上面的横轴为百泉廊道，廊道东端为水剧场，西端有雕塑；在龙喷泉后面的第三条横轴是水池，水池东端为著名的"水风琴"，总体布局，共有六层台地，高低错落，整齐有序，十分壮丽。

4. 水景为人赞赏。著名的水力工程师奥里维埃里（Olivieri）参加设计，以很大的花费将阿尼奥（Anio）河水转向流入到蒂沃利高山上，以此水用于众多的喷泉、瀑布和水利工程。横向的百泉廊十分有名，它的上边形成绿色喷泉墙，每隔几英尺就有喷泉射出弧形水柱，此墙带有德斯特家族的标志。百泉廊东端的水剧场，为一半圆形水池，瀑布宽阔，上立一阿瑞托萨女神（Arethusa）塑像，此景观与"水风琴"、长条水池中高大喷泉水柱的水景同样壮观。

5. 观赏点重点处理。除上述水景重点处理外，还有两处最重要的观赏点。一个是位于纵向中轴线一端的房屋（Casino），它是在最高的台地上（卡斯泰洛别墅园是在最低处，兰特别墅园是在园的中部台地），在此园最高处可俯览全园，壮观的花园以及园外景色一览无余，令人胸怀开阔。另一个是全园的中心点"龙喷泉"，这一喷泉立于椭圆水池中，喷出高大的水柱，周围是意大利最美的柏树，水池两侧半圆形的台阶旁布满了常春藤，构成了一幅很有意大利特色的景观画面，成为此园第二个重要观赏点。

6. 有蔬菜园。早期的花坛，有小径穿过，表示出它原来的功能，像是一个蔬菜园（Kitchen garden）。

3. 纵向中轴线景观（现况、上图 Hélio Paul et Vigier 1922年前）

7. 水机关。现在还保存着有名的水利设施。

4. 中心处龙喷泉（现况，右上图 Hélio Paul et Vigier 1922 年前）

5. 百泉廊东端水剧场

6. 百泉廊西端喷泉雕塑

7. 百泉廊（现况，上图 Hélio Paul et Vigier 1922 年前）

8. 水风琴（现况，下图 Hélio Paul et Vigier 1922 年前）

9. 横向东高西低绿色通道

10. 底部平台丛林

11. 横轴水池（现状，左上图 Hélio Paul et Vigier 1922 年前）

12. 主体建筑

13. 入口院落

1. 露天剧场

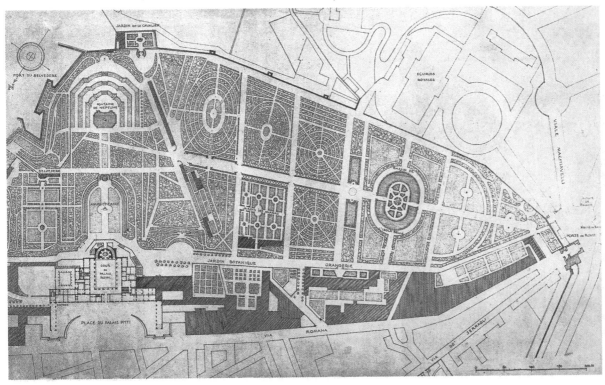

2. 平面
（Hélio Paul et Vigier）

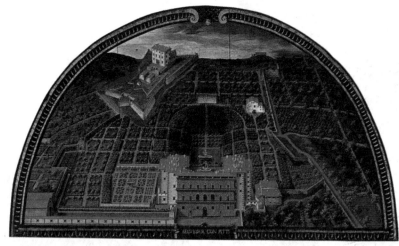

3. 东端皮蒂宫纵向轴线鸟瞰画

该园建在佛罗伦萨西南隅，其名称来源于原土地所有者波波里家族的名字。原是皮蒂（Pitti）宫的庭园，1550 年开始改建扩充而成。此园是老花园中的一个重要典型，它保持了原貌，当时已对公众开放，建筑与园林的装饰过于烦琐，是代表文艺复兴后期的一个规模很大的实例。具体特点有：

1. 以轴线串联全园景点。此园东西两端，各有一条纵向中轴线，东端轴线将皮蒂宫与台地园串联起来，西端轴线为伊索洛托（Isolotto）平地园的中心部分。另有一条横向中轴线将东西纵向中轴线连接在一起，形成完整的花园。整体布局规则有序。

2. 东部台地园层次丰富。东部北低南高，此南北纵向轴线串联着四个景点，即花园洞屋、露天剧场、希腊海神（Neptune）塑像喷泉水池和最高处的雕像与观景平台花园。在洞屋景点安排有精美的雕刻，洞屋立面有两头公羊装饰品，入口处还有太阳神（Apollo）和谷物神（Ceres）塑像。里面放有一可爱的大理石喷泉，上有由四个森林之神作支架的水盆，从他们口中喷水射向中间立着的维纳斯塑像。这个雕像是弗朗切斯科（Francesco）王子的珍藏品。

3. 露天剧场。在洞屋南面重点安排了一个圆形露天剧场，具有集会的功能。剧场周围是依山边而建的六层坐凳，坐凳外围均匀地立着放有雕像的壁龛，背景是月桂树篱，在剧场北面的二层平台上，布置了一个壮丽的八角形喷泉，在这里可俯览整个露台剧场。剧场中心放一大水池和一个从罗马带来的埃及方尖碑。

4. 布置雕像喷泉和平台小花园景点。在剧场南面顺斜坡而上，布置了一个以希腊海神（Neptune）塑像喷泉水池为中心的又高出剧场一层的台地园。再往南到顶部有一塑像，此处是南北纵向轴线的南端。在此塑像西边，登上一个旋转台阶，就是一个观景平台花园，从这里可俯视到园内外的灿烂景观。此小园有四片以黄杨围起的花坛，中间是一个迷人的喷泉，沿池放有麝香石竹盆景。1592 年，在此建有长条碉堡，在当时围城 11 个月中，它帮助保卫了城市。

5. 以柏树林荫大道突出了东西横向长轴线的连接作用。该园东西两部的花园，是靠这条东西向轴线联系起来，其作用十分重要，因而设计成了高大柏树的绿荫大道，此大道东高西低，并未建成台地，而是以坡道连贯，突出了它的连接作用，其本身也是一个壮丽的景观。

6. 西端布置伊索洛托（Isolotto）平台园形成全园的高潮。它是柠檬园，以大水池为中心，中间是一个椭圆形岛，有两个桥通向小岛，岛中央立一海神（Oceanus）

4. 露天剧场画（Georgina Masson）

5. 皮蒂宫平台喷泉雕塑（后为露天剧场，Hélio Paul et Vigier 1922 年前）

雕像，其基座周围刻有文字记载，说明 1618 年 7 月 18 日为纪念匈牙利国王出访而立。环岛栏杆的支柱处，做成盆状，中间栽植橘树，树上结出果实，金色耀眼，确实形成了全园的精华景色。池中池边立有多种喷泉塑像。这些作品受到了巴洛克（Baroque）的影响，显得不够简洁。

从全园整体来看，建筑装饰、雕像装饰以及花坛的布置，都受到巴洛克式的影响，其复杂、过多、矫揉之处不值今日借鉴。

6. 东端纵向轴线（从北向南望，Marie Luise Gothein）

7. 洞屋入口（Hélio Paul et Vigier 1922 年前）

8. 希腊海神（Neptune）塑像喷泉

9. 东端纵向轴线南部最高处塑像

10. 东端纵向轴线（从南向北望）

12. 观景平台花园（Cavalier）

11. 观景平台花园入口

13. 东西横向轴线（远处是西端伊索洛托园）

14. 东西横向轴线（从伊索洛托园向东望，Hélio Paul et Vigier 1922 年前）

15. 伊索洛托园中心岛海神雕像（现况、上右图 Hélio Paul et Vigier 1922 年前）

16. 伊索洛托园纵向轴线（从北向南望）

17. 伊索洛托园北部（Hélio Paul et Vigier 1922 年前）

18. 伊索洛托园北端雕像

19. 伊索洛托园北部池中雕像

20. 伊索洛托园南部池中雕塑

21. 伊索洛托园外西部丛林（该园西部顶端）

1. 西面外景（MOZIO – Milan）

2. 西面（Hélio Paul et Vigier 1922 年前）

该园在意大利最北端的马焦雷（Maggiore）湖中的一个岛上，对着斯特雷萨（Stresa）镇，系卡罗伯爵于1632年兴建，由其子在1671年完工。其名称取自卡罗伯爵母亲的姓名。迄今几个世纪以来，一直为参观旅游者所赞赏。它的特点有：

1. 水岛花园风貌。周围是青翠群山、如镜湖面，环境幽美，视野开阔，加上精巧的台地花园布置，使它具有传奇梦幻的色彩。

2. 层层台地，轮廓起伏，俯览仰视景色皆宜。从东面和南面都能登上安排有方形草地花坛的第一层台地，花坛角上以瓶或雕像装饰，在夏季时将桶中橘树排放在路边。通过八角形台阶可步入第二层台地，这里有两个长方形花坛。第三层台地是一个土岗，通过两边的台阶可登上岗顶，这里是岛的最高点，可俯览广阔湖面景色和壮观的山峦。从湖面上仰视这个岛上花园，层层的林木与台地建筑，有节奏地升起，格外动人。在这最高台地上安排一个水剧场，高壁布满壁龛和贝壳装饰，中间顶上立有骑马雕像，属于典型的巴洛克式，装饰过于烦琐。

3. 突出中轴线贯穿全园。尽管岛形不规则，但长条形土岗的花园部分仍采用对称的布局方式，突出了纵向的中轴线，显得十分严整。别墅建筑在北面，西北面有一岛的入口，从环形码头登上，结合地形采用了转轴手法，进入花园。

4. 采用遮障转轴法与花园主轴线衔接。这个方法很巧妙，从岛的西北面上岸，斜向往前可步入一个小椭圆形庭院，从北面别墅房屋的一个长画廊亦可进入这个小庭院，该庭院遮住了周围的空间，人们在庭院中不知不觉地转了个角度，通过台阶走进花园，在感觉上好似轴线未变，而实际上轴线已转了个角度。这种遮障转轴法在地形或建筑要求有变化之处是一种好的设计手法。其关键是在转折处要布置一个圆形的封闭空间。

5. 装饰过分。除前述中心水剧场装饰过多外，台基边上的栏杆、瓶饰、角上方尖碑、雕像、后面的两个六角亭等等，不够精练，一眼望去，感到矫揉造作，是典型的巴洛克做法。

6. 水源来自湖水。在最高台座的下面设一巨大水池，将湖水抽入水池，再从这个水池供应全园和喷泉用水。

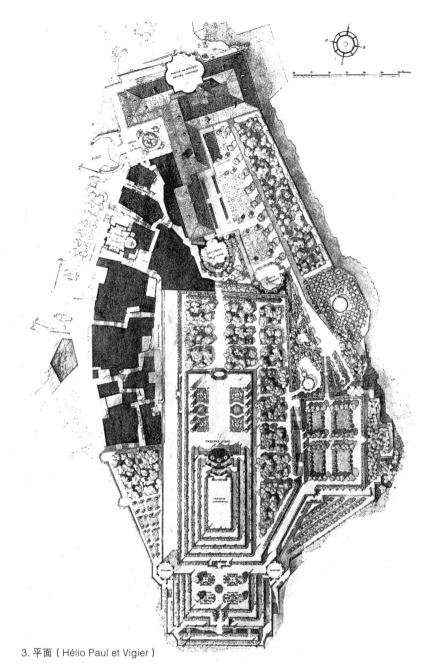

3. 平面（Hélio Paul et Vigier）

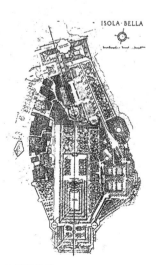

4. 转轴分析

5. 鸟瞰全景（Touring Club Italiano）

6. 紧临花园的建筑通廊

7. 花园外侧一角

8. 从水剧场向北望一、二层台地

9. 从平台望水剧场

10. 水剧场（Hélio Paul et Vigier 1922 年前）

11. 水剧场高壁东北角

12. 从东面台地花坛望水剧场高台

13. 东北部建筑前条形台地

14. 西南部台地一角

15. 南部台地大水池

实例30 卡雷吉（Careggi）别墅园

此园位于佛罗伦萨西北近郊，公元1417年开始建造，是美第奇家族别墅花园中最早的一个，它是文艺复兴初期的作品，建筑本身还留有中世纪城堡的特征，根据生活需要，建筑一、二层较高，建筑立面比例、尺度合宜，三层墙面略微凸出，产生阴影效果，右面设置休息空廊，虚实对比，建筑前面布置水池和花坛，周围种有果树，建筑与绿地紧密联系，整体比较简洁。

外景（Hélio Paul et Vigier）

实例 31　彼得拉亚（Petraia）别墅园

此园位于佛罗伦萨郊区，建于 16 世纪。建筑位于最高台地上，左侧为花坛，右侧为花木；下一层台地窄条形，亦布置花坛；最低一层台地十分开敞，对称布置花坛与树木，中心为一水池喷泉。后将卡斯泰洛别墅园中心的山林水泽仙女神喷泉塑像搬入此园中，为该园增加了新的景观。建筑以大片丛林为背景，整体仍比较简洁。

1. 山林水泽仙女神喷泉塑像（Hélio Paul et Vigier）

2. 外景（Touring Club Italiano）

实例 32　罗马美第奇别墅园
(Villa Medeci)

　　此园建于 16 世纪，在罗马。建筑外立面装饰较多，窗间壁附有多种样式的浮雕，两侧墙面的开窗形状、假窗及其布置显得烦琐，入口为一高大的双柱、拱券式，在其入口的轴线上布置一个精美的水池喷泉，在水池喷泉的前、左侧面布置规则式样的花坛，在建筑右侧的台地上种有茂密的花木和柏树林。总体布局整齐有序，属于文艺复兴中、晚期的作品。

1. 主体建筑（Marie Luise Gothein）

2. 花园正面鸟瞰图（Marie Luise Gothein）

3. 花园侧面鸟瞰图（Marie Luise Gothein）

实例 33 法尔内西别墅园（Farnesi Villa）

位于卡普拉罗拉城（Caprarola），是一纵向长方形台地园，其手法，如叠水、河神卧像等以及外轮廓同兰特（Lante）园相似，环境清幽。整体空间与兰特园不同，是以建筑控制全园。雕塑装饰多，由于大量的雕塑，该园一直到 17 世纪初才完成，显然带有巴洛克式的影响。采用高地水源，在最后一层台地上，建有水池、水槽，水是外面引入水槽的。

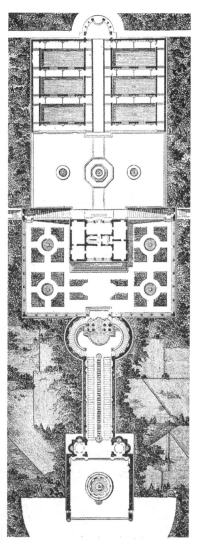

2. 平面（Marie Luise Gothein）

1. 从底层平台望主体建筑（Marie Luise Gothein）

1. 入口望主体建筑（Hélio Paul et Vigier）

2. 剧场（Hélio Paul et Vigier）

始建于公元 1598 年，于 1603 年完成。它位于罗马东南的一个山腰处，为红衣主教彼埃特罗·阿尔多布兰迪尼所有。花园的精华之处是别墅建筑对面布置的水剧场，水剧场建有壁龛，其内有雕像喷泉，过去还有水风琴，其后面为丛林，在丛林中轴线上布置有阶梯式瀑布、喷泉和一对族徽装饰的冲天圆柱等。整体造型，属于装饰过多的巴洛克式，为文艺复兴后期的作品。

对于前面 5 个意大利重点的别墅台地园，笔者于 1995 年 4 月下旬，从意大利北部到南部赴现场参观，首先从米兰在意大利建筑师戈马拉斯卡的陪同下，驱车前往靠近阿尔卑斯山的马焦雷湖边的斯特雷萨镇，然后乘游艇到伊索拉·贝拉园；数日后经威尼斯到佛罗伦萨，先参观了现位于市区边缘的波波里花园，翌日到郊区观看了卡斯泰洛别墅园；最后到罗马，在新华社罗马分社高级记者黄昌瑞先生的陪同下，先观看了庞贝城遗址，下午赶到蒂沃利，参观了德斯特别墅园，翌日从罗马到巴尼亚亚，欣赏了兰特别墅园。这些别墅园地处偏僻，如果没有朋友们的热情帮助，是难以亲临现场参观的，通过现场的参观，加深了对意大利台地园的认识。它是由文艺复兴初期的简洁发展到中期的丰富，又由丰富发展到后期的过分装饰。具体的基本特征有：

1. 台地园。大都利用坡地，建成有层次的台地。

2. 轴线突出。整体布局为规则式，有明显的中轴线，严整清晰，对称均衡。

3. 水景丰富多样。大都把水引至高处，作为水源，在园内建水池、喷泉、暗喷泉、瀑布、叠瀑、水风琴、水剧场等等多种多样的水景。

4. 雕塑精美。水景是与精美的雕塑群相结合，雕塑有人像、动物以及各种神的形象。雕塑也有单独放置的，与绿化相配合。

5. 洞屋凉爽。为了炎夏避暑，常巧妙地利用台地的高差，造出洞屋。在洞屋中也有各种奇妙的雕塑。

6. 绿化丰富。采用了多种花木，色香兼备。草坪、花坛为规则式，多以黄杨包在花坛外围，花木交错种植，不遮挡观赏视线，能看清有层次的整个花园。意大利的柏树（Cypress）高大挺拔，常种植在林荫路两侧或植于花园的周边。

7. 丛林背景。在花园的周围或一侧，常建有大片的树林，称之为 Park。这种 Park 背景，或叫做 Bosquet 背景，使花园面貌更加清晰，环境更加优美，而且它具有多种实用功能价值。

8. 建筑不多。建筑比较少，也不高，大都布置在轴

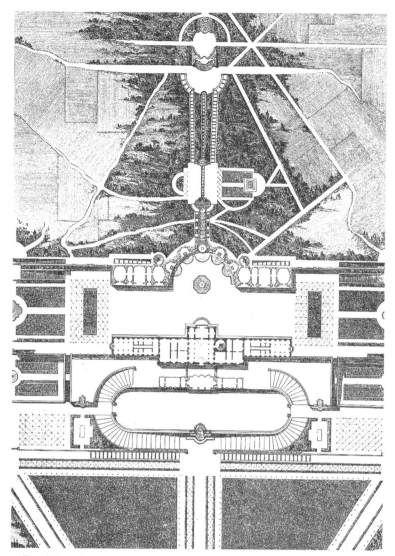

3. 平面（Marie Luise Gothein）

4. 剧场后流水阶梯画（Marie Luise Gothein）

线上或其两侧；建筑位于低处或中间或高处，这三种类型都存在。中世纪时期的花架，在有些园中还采用。

意大利这一时期的台地园，对周围各地区的园林建设有很大的影响。对于今天的园林建设来说，上述的特点，都可以因地制宜地加以借鉴。

法 国

15世纪末以后法国造园受意大利文艺复兴园林建设的影响。主要表现在，1495年法国查理八世到意大利"那波里远征"，虽军事上失败，但带回了意大利的艺术家、造园家，改造了安布瓦兹城堡园，后在布卢瓦又建造了露台式庭园等，引入了意大利的柑橘园等做法，具有意大利的风格，但没有转向开敞，仍保持着厚墙围起的城堡样式。后从法兰西斯一世至路易十三（约公元1500～1630年），法国吸取了意大利文艺复兴成就发展了法国的文艺与造园，培养了法国造园家，如莫勒家族，克洛特·莫勒继承父业，成为亨利四世和路易十三（1600年前后）的宫廷园艺师，在蒙梭、枫丹白露等供职，采用黄杨树篱和树墙，并发展有"刺绣分片花坛"，其子安德烈·莫勒，发展了"林荫树"的做法等。下面介绍几个实例。

实例 35　安布瓦兹（Amboise）园

该园与中古时期园子的风格略有不同，是在加宽了的一块高地上建造大花园，中为几何形花坛，围绕花坛旁种植果树，在这里放了橘子树，这在法国是第一次，橘子仅仅是苦果。花园还以格子墙和亭子围起来，路易十二时在花园周边又放了廊子，这种做法是从意大利学来的，它作为装饰在法国保留了很长时间。

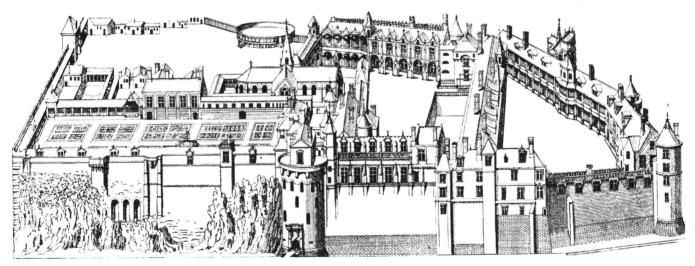

鸟瞰图（Marie Luise Gothein）

实例 36 布卢瓦（Blois）园

　　该园是在老基础上重建的一个堡垒园，路易十二出生在这里。后筑起三个巨大的台地，布置有花坛、喷泉、长廊亭子等，带有挡土墙，并建有地下洞穴。但台地之间没有什么联系。从这个实例可看出法、意花园的区别。

　　法国花园，是坚固的中世纪堡垒园形式，花园与建筑联系不够，花园各部分之间的联系也不够。而意大利花园，建筑与花园联系紧密，并有明显的轴线和多样的台阶把各部分的台地园连接成为一个整体。

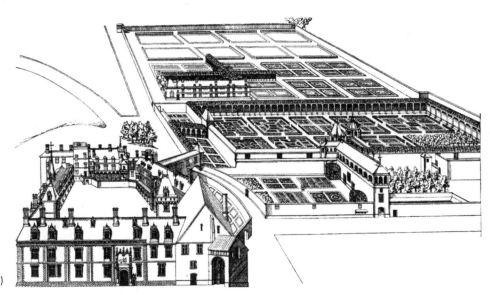

1. 鸟瞰画（Marie Luise Gothein）

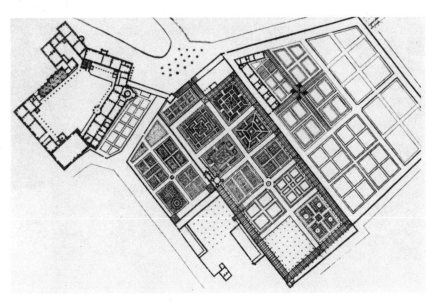

2. 平面

1. 原入口右面草坪花坛

2. 原入口右面水池雕塑花坛

原是古代打猎的地方，一片森林。16世纪上半叶法兰西斯一世在这里修建堡垒园，有一些院落群，水沼泽地变成大的水池，紧靠在堡垒一边。在园子中间，从入口通向建筑群有一条种植四排树的大道。大道一侧是种有果树和草地的花园。水池另外一边搞了个冬园，种有冷杉和蔬菜。

建筑群院落中的花坛，在16世纪下半叶亨利四世时扩大了，三面是长廊，第四面是大的鸟舍，模仿意大利的风格，使高树、灌木在钢丝网之下。院落中心是喷泉，喷泉精华为月亮和打猎之神狄安娜（Diana）像，围绕喷泉是花坛，并有许多雕塑作为装饰。在大水池的花园部分，种树成林，又增加了花坛、雕塑和喷泉等。后路易十四时期，橘树被栽植在园中代替了鸟舍。

1995年12月笔者参观了该园，在其后部扩建有长长的运河，估计是受17世纪勒诺特式的影响；大水池部分亦改成自然式，大概是受18世纪发展自然式园林的影响。

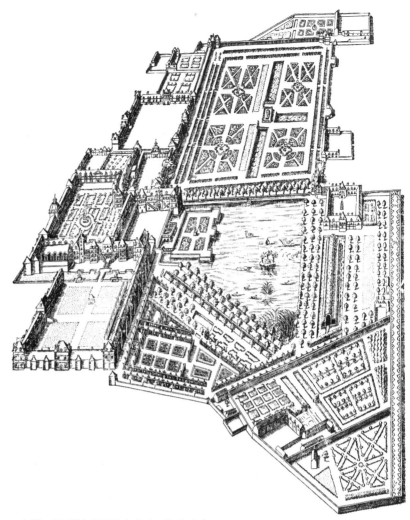

3. 亨利四世时期鸟瞰（Marie Luise Gothein）

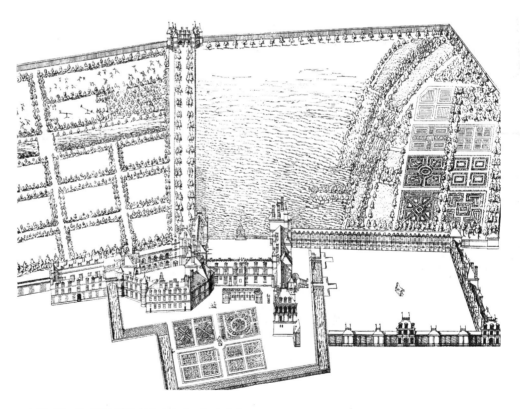

4. 法兰西斯一世时期鸟瞰画（Marie Luise Gothein）

5. 原入口左面水池（后改为自然式）

6. 水池左面园景（现入口右面，后改为自然式）

7. 现入口建筑群庭园

8. 原入口右面园景画（路易十四时期）

9. 后部扩充的运河

10. 运河前壁饰雕塑

11. 橘园画（Marie Luise Gothein）

实例 38　阿内（Anet）园

　　该园于 16 世纪中叶在亨利二世指挥下由名建筑师菲力贝尔·德洛尔姆（Philibert de L'Orme）设计。是使用中世纪的堡垒基础，整体布局借鉴了意大利的做法，将建筑与花园合并在一起，统一考虑，以中轴线贯穿全园，建筑与花园联系紧密。外有宽的运河环境，所提供的墙、堡垒、角上的塔仅是有生气的装饰。

　　总体布局严整、对称、平衡。入口与前院，处理得有变化，并十分精美。通过吊桥进入一个使人愉快的柱廊院落，入口建筑顶部为牡鹿和狗的雕塑，两边是灌木丛，在此院落的两个边侧院中心各放有一个喷泉，其中之一有狄安娜(Diana)像。经过前院中心建筑进入花园，花园略低，三面是长廊，中间是规则的花坛，并对称布置了两个喷泉。最后面的中心部位，将运河建成半圆形水池，水池前有一建筑，可能作为沐浴使用。

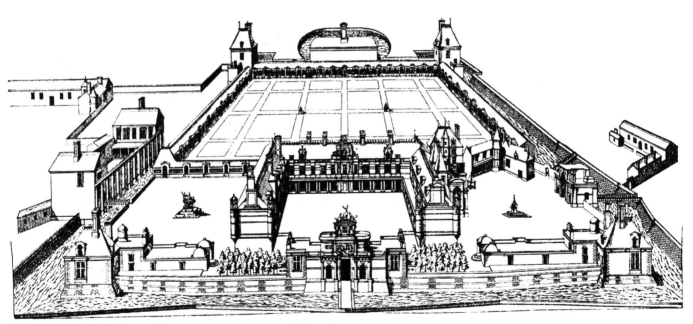

鸟瞰画（Marie Luise Gothein）

实例 39　默东（Meudon）园

　　该园建于 16 世纪上半叶法兰西斯一世时期，雄伟壮丽，中轴线明显，台地层次丰富，建筑与花园紧密结合，背后树林浓郁。此园体现了意大利台地园的基本特点。其台地间作出的洞穴和花坛特别精美，由此而格外有名。洞穴在法国发展较晚，早期的例子有枫丹白露园等。该园是菲力贝尔·德洛尔姆（Philibert de L'Orme）委托让·德吉兹（Jean de Guise）完成的。

鸟瞰画（Marie Luise Gothein）

93

实例 40　卢森堡园（Luxembourg Garden）

1. 从正前方望卢森堡宫

2. 宫前左边（东面）河渠

4. 宫前下沉式园右边（西面）绿地

3. 宫前下沉式园（从侧面高台上观看）

5. 宫前西南面绿地

该园位于巴黎塞纳河南岸，是由建筑师萨洛蒙·德布罗斯（Salomon de Brosse）设计的。他按照王后玛丽亚·德·美第奇（Maria de Medici）的愿望，仿她家乡意大利佛罗伦萨皮蒂（Pitti）宫和波波里（Bobole）花园样式建的。此园是王后在她丈夫亨利四世国王去世后作为她的居住地而修建的。

主体建筑犹如皮蒂宫的布局，中轴线十分明显，其前布置一大圆形水池和喷泉，围以规则对称的花坛，处于低处，中心花园的外围是高出的台地，种以茂密的树木，有如波波里花园的露天剧场外形。建筑前东侧面有一河渠，两旁布置瓶饰和树丛，顶端有一美第奇喷泉和神龛内雕塑，环境格外清幽；建筑前西边有大片长条形绿地，建成规则形块状，形成一横向轴线与建筑前纵向轴线连接，这样的总体布局确与皮蒂宫、波波里花园相似。

此园发展至今，主体部分基本保持原样，其前与西部已有变动，笔者于1995年12月第二次参观时，才感觉到它有意大利波波里花园的影子。

6. 宫前大水池

7. 宫前下沉式大花坛画（Marie Luise Gothein）

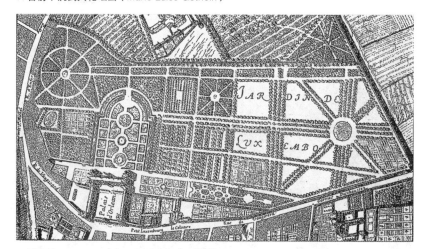

8. 平面（Marie Luise Gotlhein 1652 年时期）

9. 现位置

10. 模型

西班牙

15世纪末，西班牙完成了国家的统一。16世纪初，查理一世（公元1516~1556年为西班牙国王）于1519年继承其祖父帝位兼任罗马帝国皇帝，又称查理五世。他在意大利战争中打败法国，16世纪20~30年代侵占美洲、北非一些地方，成为殖民大帝国。腓力普二世（公元1556~1598年）于1588年派舰队远征英国，在英吉利海峡战败，从此海上霸权让位给英国，国家逐渐衰落。由此可以看出，西班牙与意大利的关系最为密切，与法英也有一定的联系。所以在园林建设上受到意、法、英的影响。在这里举两个这一时期的园林实例。

实例41　埃斯科里亚尔（Escorial）宫庭园

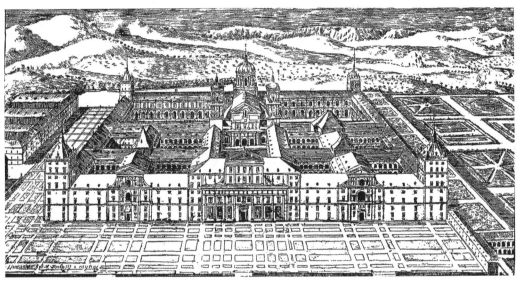

1. 鸟瞰画（Marie Luise Gothein）

2. 教堂之南庭园（Marie Luise Gothein）

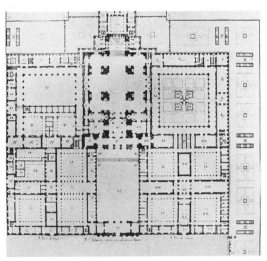

3. 平面

96

该宫建于公元 1563 ～ 1584 年，位于马德里西北48km 处，从西门正中进入，院南是修道院，院北是神学院和大学，往北正中是教堂，教堂地下室为陵墓，教堂东部突出部分是皇帝的居住之处。教堂的穹顶和四角的尖塔组成了有气势的外貌，由于它的庄严雄伟，轰动了欧洲宫廷，后路易十四建造凡尔赛宫时，明确了一定要超过它。此宫的园林有三处值得介绍。

1. 教堂之南的庭园。它是西班牙帕提欧（Patio）庭园，四周建筑为供宗教使用的大厅，庭园中心为八角形圣灵亭，其四角有四个雕像及四个方形水池，它代表新约四个传播福音的教士，水池外围是花坛。此园吸取了传统的许多做法，并具有自己的特点。

2. 东面台地小花园。在皇帝居住的突出部分外围，按高低建成台地绿化，主要铺成规则形的由黄杨绿篱组成图案的绿色地块，有如立体的绿色地毯，十分严整。

3. 南面花木小景。在宫殿南侧，布置有水池，建筑前种植有成片的花木绿地，建筑与绿化倒映池中，显得非常简洁活泼。

4. 南面花木水景

5. 东面台地小花园

6. 台地花坛

实例 42　塞维利亚的阿卡萨（The Alcazar in Seville）园

公元 1353 ~ 1364 年皇宫建于此，16 世纪查理五世发展了此园。该园总体布局结构是规则直线道路网，有纵横轴线，在交叉点处布置有喷泉、雕塑，还布置有水池、花架、棕榈树和整形花木。这种规则式台地园以及建筑的装饰受到了意大利文艺复兴建筑园林文化的影响。

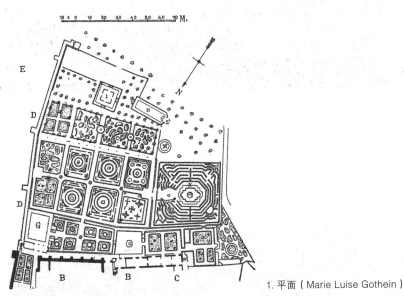

1. 平面（Marie Luise Gothein）

2. 台地园（Marie Luise Gothein）

英 国

受意大利文艺复兴建筑园林文化影响，约在 15 世纪末 16 世纪初，即从英国进入都铎王朝时期公元（1485～1603 年）开始，16 世纪上半叶为亨利八世时代，16 世纪下半叶为伊丽莎白时代，这一时期逐步在改变原来为了防御需要采用封闭式园林的做法，吸取了意大利、法国的园林样式，但结合英国情况，增加了花卉的内容。

实例 43　汉普顿（Hampton）秘园、池园

汉普顿宫位于伦敦北面泰晤士河旁，其宫内庭园非常著名，16 世纪建有秘园（Privy garden）和池园（pond Garden），园为规则形，分成几块花坛，中心布置水池喷泉，池园在轴线上还立有雕像，整体简洁规整。后有较大发展，根据不同时期再作补充介绍。

老的池园（Marie Luise Gothein）

实例 44　波伊斯（Powis Castle）城堡园

1. 全景雕刻画（Arthur Hellyer）

　　该园建在利物浦（Liverpool）与卡迪夫（Cardiff）之间的一片坡地上，于17世纪建成。建筑在最高台地上，建筑前露台窄长，沿建筑中心的中轴线布置层层台地。第二层台地亦比较窄长，由花坛、雕像和整形的树木组成。最底层的台地十分开阔，在中轴线两侧对称布置规则形水池，池中心立有雕像，在侧面还安排有菜园，并种有果树，建筑后面与两侧栽植有大片树林，从低层台地水池旁仰望建筑，层层花木，景色丰富深远。若从建筑前眺望，可俯视全园和远处山峦，景色更为壮丽。这是一个完全吸取了意大利文艺复兴时期台地园特点的典型实例，这种实例在英国是少有的。

2. 上部台地（Arthur Hellyer）

波　斯

16世纪，波斯进入最后兴盛时代萨非王朝，其国王阿拔斯一世（公元1587～1629年）移居伊斯法罕（Isfahan）城，重点改建了这个城市，建设了园林中心区，它代表了波斯伊斯兰造园的特征。

实例45　伊斯法罕（Isfahan）园林宫殿中心区

此中心区的园林具有波斯和伊斯兰造园的融合特点：有水和规则整齐花坛组成的庭园以及林荫道，建筑装饰为拱券、植物花纹、几何图案，水伸入建筑中等。这些融合特点反映在中心大道、四庭园和四十柱宫及其花园中。具体特点是：

1. 整体布局是规则式。东面设一长方形广场，为386m×140m，周围环绕两层柱廊，底层是仓库，为市场使用，上层有坐席，可观看广场上的节日活动和比赛。其西面设一笔直的四庭园大道。在广场与大道之间，布置规划式的宫殿建筑等。

2. 四庭园大道。此大道称为"Tshehan Bagh"，联系着四个庭园，又称"四庭园大道"，总长超过3km，为一林荫大道，中间布置一运河和不同形状的水池，河旁池旁铺石，形成一个宽台。

3. 规则式庭园。庭园有伊斯兰教托钵僧园、葡萄园、桑树园和夜莺园等。庭园布局各有不同，但都为规则的花坛组成，中轴线突出，对称布局，没有人和动物形体的雕像与装饰。

4. 四十柱宫庭园。宫位于中心位置，水从建筑流出贯流全园，周围是对称的规则式花坛，其间还穿插一条林荫路。

1. 四庭园大道版画（Marie Luise Gothein）

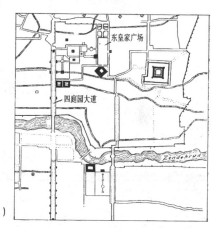

2. 总平面（Marie Liuse Grothein）

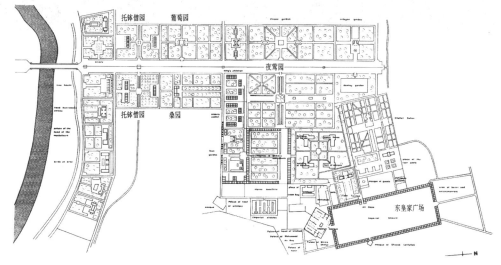

3. 平面（Gordon Patterson）

101

印　度

巴布尔在印度建立了莫卧尔帝国（公元1526～1857年），他是蒙古帖木儿的直系后裔，母系出自成吉思汗。至沙阿贾汉时期（公元1627～1658年）是其"黄金时代"，著名的泰姬陵就是在这一时期建造的，它集中反映着印度伊斯兰造园的特点，下面介绍两个具有这一特点的实例。

实例 46　泰姬陵（The TaJ Mahal）

1. 陵墓前规则块状绿地（刘开济先生摄）

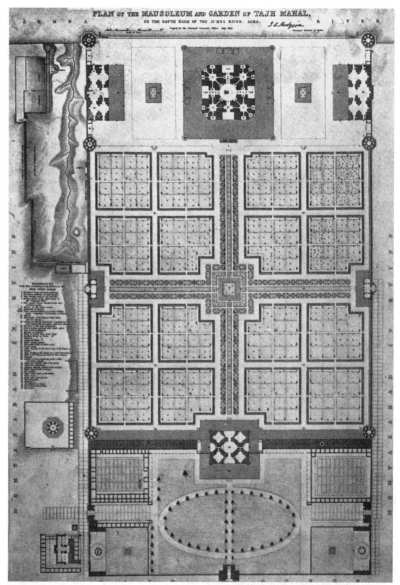

该陵园修建在印度北方邦西南部的阿格拉市郊（Agra），是国王沙阿贾汉（Shah Jahan）为爱妃蒙塔兹·玛哈尔（Mumtaz Mahal）建造的陵园，1632 年开始营造，1654 年建成，历时 22 年。早在 1560 年阿克巴统一了印度，将印度教与伊斯兰教融合，后反映在建筑与造园上，同样是两者的结合。其具体特点是：

1. 十字型水渠四分园。全园占地 17hm²，陵园的中心部分是大十字型水渠，将园分为四块，每块又有由小十字划分的小四分园，每个小分园仍有十字划出四小块绿地，前后左右均衡对称，布局简洁严整，中心筑造一高出地面的大水池喷泉，十分醒目。

2. 建筑屹立在退后的高台上，重点突出。白色大理石陵墓建筑形象为高 70 多米的圆形穹顶，四角配以尖塔，建在花园后面的 10m 高的台地上，强调了纵向轴线，这种建筑退后的新手法，更加突出了陵墓建筑，保持了陵园部分的完整性。建筑与园林结合，穹顶倒映水池中，画面格外动人。

3. 做工精美，整体协调。陵墓寝宫高大的拱门镶嵌着可兰经文，宫内门扉窗棂雕刻精美，墙上有珠宝镶成的花卉，光彩闪烁。陵墓东西两侧的翼殿是用红砂石点缀白色大理石筑成，陵园四周为红砂石墙，整体建筑群配以园林十分协调。

2. 平面

3. 中心大水池（刘开济先生摄）

4. 中轴线条形水渠（刘开济先生摄）

5. 陵墓主体建筑（刘开济先生摄）

6. 侧面翼殿（刘开济先生摄）

7. 主体建筑入口（刘开济先生摄）

实例 47　夏利玛园
（The Shalamar Bagh）

1. 二层平台大水池

2. 南面最高层平台中轴线上水渠

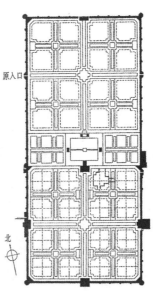

3. 平面（Gordon Patterson）

原入口

北

该园修建在巴基斯坦拉合尔市（Lahore）东北郊，1643 年开始建造，是国王沙阿贾汉的庭园，他以其父贾汉吉尔（Jahangir）在克什米尔的别墅园夏利玛取名，并仿其布局样式。此时期的拉合尔城市规模比当时的伦敦、巴黎还大，十分繁荣。该园的特点是：

1. 突出纵向轴线。该园是长方形，南北向长，东西向短，地势北低南高，顺南北向建成三层台地，由南北纵向长轴线将三块台地贯穿在一起，形成对称规则式的整体格局。

2. 中心为全园的高潮景观。中心在第二层台地的中间，布置一巨大的水池，水池中立一平台，有路同池旁东西两亭相通，池北面设凉亭，水穿凉亭流下至第三层台地的水渠中，池南面设一大凉亭，其底部设一御座平台，昔日国王、今日游人可在此观赏此大水池中 144 个喷泉的美丽景色，在大水池旁环视四周，高低错落的园景尽在眼前，形成了景观的高潮。

3. 十字型划成四分园。第一层高台地和第三层低台地都采用十字型，划分成四分园，在每块分园中，又以十字型分成四片，这一高一低的台地园十分规整统一。其南北方向的轴线部分由宽 6m 多的水渠构成，同克什米尔的夏利玛园相类似。

现园门设在南面，建园时大门设在西北面，便于城市来往联系，从低层台地入园。国王浴室在中央水池的东边围墙处，环境优美。

4. 中轴线上第二层平台大水池（前为御座平台）

5. 从池北凉亭望池南大凉亭

6. 从池北凉亭望北面最低层平台

107

中　国

这一阶段，中国为明代时期，自然山水园又进一步发展，诗情画意的整体性更强，园林的内容更为丰富。这里举三个实例，一为苏州拙政园，它体现了苏州园林的特点，另一为无锡寄畅园，它反映了江南园林的自然典雅，第三个实例是北京的天坛，用它说明中国坛庙建筑园林的特色。

实例 48　苏州拙政园

1. 鸟瞰画（杨鸿勋先生绘）

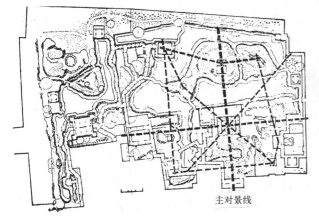

主对景线

2. 对景线构图分析

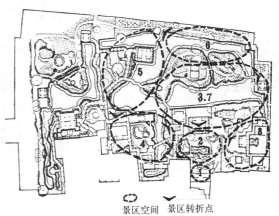

景区空间　景区转折点

3. 空间序列结构和景区转折点分析

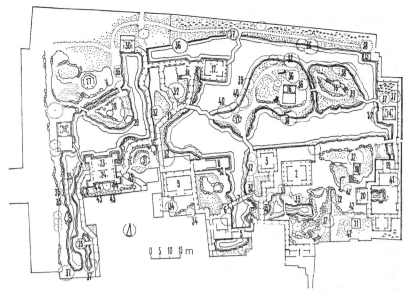

4. 平面

①腰门 ②远香堂 ③南轩 ④松风亭 ⑤小沧浪 ⑥得真亭 ⑦小飞虹 ⑧香洲 ⑨玉兰堂 ⑩别有洞天 ⑪柳荫路曲
⑫见山楼 ⑬绿绮亭 ⑭梧竹幽居 ⑮北山亭 ⑯雪香云蔚亭 ⑰荷风四面亭 ⑱绣绮亭 ⑲海棠春坞 ⑳玲珑馆
㉑春秋佳日亭 ㉒枇杷园 ㉓三十六鸳鸯馆 ㉔十八曼陀萝花馆 ㉕塔影亭 ㉖留听阁 ㉗浮翠阁 ㉘笠亭 ㉙与谁同坐轩
㉚倒影楼 ㉛宜两亭 ㉜枫杨 ㉝广玉兰 ㉞白玉兰 ㉟黑松 ㊱榉树 ㊲梧桐 ㊳皂英 ㊴乌桕 ㊵垂柳 ㊶海棠 ㊷枇杷
㊸山茶 ㊹白皮松 ㊺胡桃

该园位于江苏苏州市北面，建于明正德年间（公元1506～1521年），是苏州四大名园之一。明代吴门四画家之一的文征明参与了造园，他作"拙政园图卅一景"，并为该园作记、题字、植藤。由于文人、画家的参与，将大自然的山水景观提炼到诗画的高度，并转化为园林空间艺术，使此园更富有诗情画意的特点，成为中国古典园林、苏州园林的一个优秀的典型实例。这里着重分析此园园林空间艺术的特点：

1. 对景线构图，主题突出，宾主分明。全园布局为自然式，但仍采用构图的对景线手法，主要厅堂亭阁、风景眺望点、自然山水位于主要对景线上，次要建筑位于次要对景线上，详见分析图。此构图手法，可使园林主题突出，宾主分明，苏州许多名园根据各自的地形条件与使用要求，运用这一手法，做到了主题突出。对景线上的建筑方位可略偏一些，如拙政园主景中心雪香云蔚亭就顺对景线偏西，从远香堂望去，具有立体效果。采用对景线手法，不是机械地画几何图形，而是按照各地的自然条件、功能与艺术要求，灵活地运用这一原则。

2. 因地制宜，顺应自然。这是中国造园的又一特点。拙政园是利用原有水洼地建造的，按地貌取宽阔的水面，临水修建主要建筑，并注意水面与山石花木相互掩映，构成富有江南水乡风貌的自然山水景色。从文征明所作拙政园图中可看到以平远山水为中心具有明代风格的当时面貌。至清代，增加了建筑，减弱了原有的自然风貌。这种因地制宜做法，不仅体现出大自然的美，还可大大减少造园费用，提高造园效果。建筑的形状、屋顶的形式都是根据地形和设景需要选择的，不拘定式；建筑的色彩取冷色，素净淡雅，顺应自然；重视保留古树，如白皮松、枫杨等，都是"活的文物"。

3. 空间序列组合，犹如诗文结构。园林空间序列组合，要做到敞闭起伏，变化有序，层次清晰。其划分组合安排类似诗文结构的组织，有引言，有描述，有高潮，有转折变化，有结尾；同时，也有类似诗词平仄音的韵律。拙政园中园的空间序列结构就是这样安排的，详见分析图中划分的8个空间序列结构。其空间序列可简化为：封闭、山石景、小空间——半开敞、山水景、小空间——开敞、山水主景、大空间——半开敞、水景、小空间——开敞、山水景、大空间——封闭、水乡风貌、小空间——开敞、建筑与山水主景、大空间——封闭、花木景、小空间。空间大小序列是：小、小、大、小、大、小、大、小；空间敞闭是：闭、半敞、敞、半敞、敞、闭、敞、闭。这些序列结构同诗词的平仄音的序列平、仄、平、平、仄、仄、平或仄、平、平、仄、平、平、仄等，是相仿

的。这种空间序列安排，通过对比，以取得主题明显突出、整体和谐统一的效果，构成了富有诗词韵律的连续流动空间，达到了更高的水平。这是中国自然风景园林成熟的又一特点。

4. 景区转折处，景色动人，层次丰富。景区转折处是景区变换的地点，是欣赏景观的停留点，也常常成为游人留影的拍摄点。如图所示，从拙政园1区进入2区处为该园第一个景区转折点，所看到的景观是，以曲桥、山石水池为前景，远香堂坐落在中心，透过远香堂四围玻璃窗扇及其东西两边的豁口，可半隐半现地看到开敞的山池林木远景，景色十分深远，它吸引着游人过桥步入远香堂。远香堂里是第二个景区转折点，景观是以远香堂堂框为前景画框，平台、石栏为近景，中心是以池、山、雪香云蔚亭为透视焦点的自然山水景色。接下来在各景区转折处都可观赏到层次丰富的前、中、远景，使这一处的景观有极大吸引力，引人走近观赏。这一做法是中国园林的特色，拙政园的处理尤为精美。

5. 空间联系，连贯完整，相互呼应。园林空间的序列是靠游览路线连贯起各个空间的。拙政园的游览路线是由园路、廊、桥等组成。此外，还通过视线进行空间联系，如远香堂南面与小飞虹水院空间、松风亭空间与香洲南面空间的联系，都是通过视线的呼应联系起来；又如远香堂南面、北面空间与枇杷园空间，通过绣绮亭这个眺望点呼应联系，还有见山楼、宜两亭等眺望点都可通过视线将四周空间景色加以联系。

5. 远香堂、梧竹幽居

6. 入口前导小空间

7. 清晨从雪香云蔚亭望远香堂（主对景线）

8. 小飞虹景区

9. 从玉兰堂前望见山楼景区

111

10. 从别有洞天东望南轩

11. 枇杷园

12. 从别有洞天西望与谁同坐轩

13. 从倒影楼南望波形廊

14. 从留听阁南望塔影亭

1. 从南向北望环锦汇漪水景

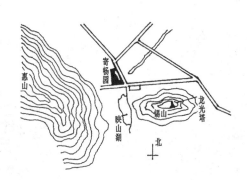

2. 位置

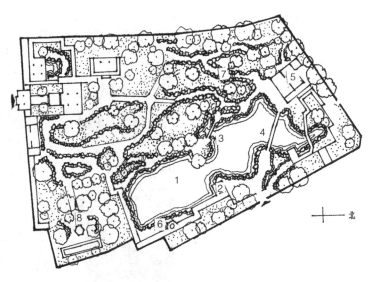

3. 平面　①锦汇漪　②知鱼槛　③鹤步滩　④七星桥　⑤环彩楼　⑥郁盘　⑦八音洞　⑧六角石亭

该园位于江苏无锡西郊惠山脚下，始建于明正德年间（公元 1506～1521 年），属官僚秦姓私园。园规模不大，为 1hm²，其造园特点有：

1. 小中见大，借景锡山。此园选址在惠山、锡山之间，似惠山的延续，并可将锡山及其山顶宝塔景色借至园中，加大了景观的深度，无形地扩大了园景空间，小中见大，这是该园的一个特色。

2. 顺应地形，造山凿池。此园地形，西面高，东面低，南北向长，东西向短。依此地势，顺西部高处南北向造山，就东部低处南北向凿池，造出与园南北向相平行的水池与假山。

3. 山水自然，主景开阔。假山位于惠山之麓，仿山峰起伏之势，选少量黄石多用土造山，有如惠山余脉，使假山与天然之山融为一体。假山与水池相映，山水景色，自然舒展，在知鱼槛中可观赏到开阔的山水主景。水池北面布置有七星桥，中部西面有鹤步滩，增加了水景的层次，丰富了主景景观。

4. 山中涧泉，水景多采。在假山西北部的山中，引水进园，创造出八音涧的曲涧、清潭、飞瀑、流泉，丰富了后山的山水景色。此园的自然景色，吸引了前来的清乾隆皇帝，在建造北京清漪园时，他点名仿造此园于清漪园的东北一隅，名为"惠山园"。

4. 鸟瞰画（鸿雪因缘图记，1847 年）

5. 知鱼槛

6. 从北向南望水景（可借景锡山塔）

7. 从鹤步滩望七星桥

9. 郁盘

8. 从知鱼槛旁望西面山水景色

10. 八音洞

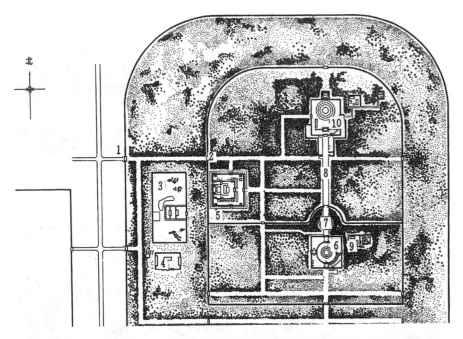

1. 平面（中国古代建筑史）
①坛西门　②西天门　③神乐署　④牺牲所　⑤斋宫　⑥圜丘　⑦皇穹宇　⑧丹陛桥　⑨神厨神库　⑩祈年殿

2. 祈年殿

天坛位于北京永定门内大街东侧，始建于公元1420年明永乐迁都北京之时，是明清两代帝王祭天祈谷祈雨的坛庙，占地280多公顷。其园林特点是：

1. 柏林密布，烘托主题。全园广种柏林，造出祭天的环境气氛，特别是在主要建筑群轴线的外围，即祈年殿、丹陛桥、圜丘的四周密植柏树林木，设计人将殿、桥、丘的地面抬高，人在其上看到的外围是柏树顶部，创造出人与天对话的氛围，以达到祭天的效果。这与古代埃及、波斯、希腊等地神庙园林的做法是相同的，也是中国3000年来祭坛做法的延续。

2. 园林模式，规则整齐。园林随建筑布局，建筑群严整规则，轴线突出，道路骨架规整，这与自然风景式布局全然不同，中国的寺观坛庙的园林配置都属于这类规则式布局。

3. 象征格局，天圆地方。平面的总体格局以及建筑群平面、造型都采取象征的手法，体现"天圆地方"的理念。总平面北面南向的两道坛墙都建成圆形，象征天，

3. 圜丘至丹陛桥、祈年殿轴线景观（新华社稿）

总平面南面北向的两道坛墙建成方形，象征地。祈年殿、皇穹宇、圜丘都建成圆形，祈年殿、圜丘的四周围墙建成方形，亦与天地呼应。

当时封建宗法礼制思想是，"天"对人间是至高无上的主宰，所以祭天是神圣的。

日　本

这一阶段是日本室町时代（公元 1334 ~ 1573 年）、桃山时代（公元 1583 ~ 1603 年）和江户时代（公元 1603 ~ 1868 年）初期，这一时期是日本造园艺术的兴盛时代，初期的回游式池泉庭园得到进一步的发展，还发展了独立的石庭枯山水，桃山时代发展了茶庭，体现着茶道精神。这里选择知名的金阁寺、银阁寺姐妹庭园实例，它们反映着发展了的回游式池泉庭园的特点；还有著名的龙安寺石庭、大德寺大仙院实例，它们代表着已发展成熟的枯山水艺术。茶庭内容放到下一阶段一并说明。

实例 51　金阁寺（Kinkakuji Temple）庭园

1. 金阁展立湖岸旁

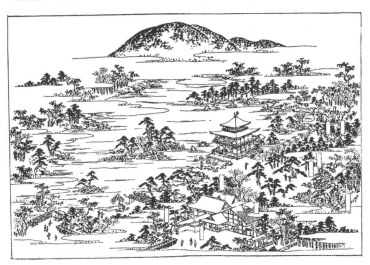

2. 鸟瞰画（Takehara Nobushige 绘，1780 年）

3. 金阁

该园位于京都市北部，始建于公元 1397 年，为幕府将军足利义满的别墅，后改为寺院。占地 9hm²，庭园居半。此园的特点有：

1. 舟游回游混合型。此园水面较大，可以泛舟游赏，同时在湖面的四周布置了游览散步的小路，亦可以环湖回游庭园的景色，它是一个舟游式与回游式泉池庭园兼有的典型。

2. 寺阁展立湖岸旁。以往庭园的主要建筑多建于湖池之后，此园则将全园的中心建筑布置在湖岸旁，部分伸展在湖池之中，立阁中可俯览全园开阔景色，从湖对岸可观赏到金阁倒影的辉煌景色。

3. 建筑镀金金光闪。此阁三层，在建筑外部镀金箔，故名金阁。其第一层为法水院；第二层为潮音洞，供奉观音；第三层为究竟顶，系正方形禅堂，供三尊弥陀佛。该阁 1950 年被火焚毁，1955 年复建，其造型轻巧舒展，做工精细，金光闪烁，被列为日本的古迹、名胜。

4. 意境造景层次增。湖面池中布置有岛，一方面寓意神岛，另一方面可丰富景色的层次。后在园的北侧建有夕佳亭，是明治时代重建的茶室，一面饮茶，一面可欣赏夕阳西下时的景观，增加了园景的层次。

4. 阁后回游路

5. 夕佳亭

实例 52　银阁寺（Ginkakuji Temple）庭园

　　该园位于京都东部，是幕府将军足利义政（公元1436～1490年）按金阁的造型，在东山修建的山庄，占地 1hm^2 多，设计人为著名造园艺术家宗阿弥。此园特点是：

　　1. 舟游回游仿金阁。该园总布局同样是舟游式和回游式的混合型，建筑位于池岸，建筑的造型模仿金阁，为佛寺建筑与民间建筑形式的结合型。原计划建筑外部涂银箔，后因主人去世，改涂漆料，故俗称银阁。后改为寺，又称银阁寺。此银阁两层，一层为心空殿，系仿西芳寺舍利殿，二层为潮音阁，为佛殿供观音。

　　2. 小中见大巧安排。园虽小，但精巧安排空间变化，池岸曲折，创造悬崖石景等，给人以扩大的空间感。

　　3. 模仿名胜造景观。园内向月台和银沙滩，与中国西湖风景相仿，为赏月之地。这些造景丰富了该园景色，又增大了空间感。

1. 银阁前视

2. 银阁侧视

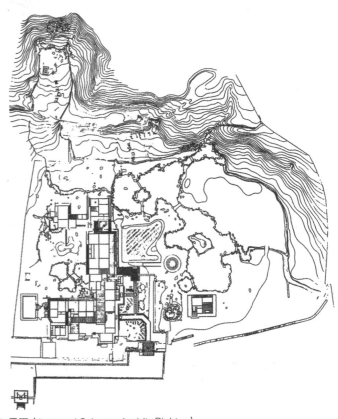

3. 平面（Irmtraud Schaarschmidt–Richter）

该园位于京都北部，靠近金阁寺，建于 15 世纪，它是另一种形式的枯山水庭，特点是：

1. 小空间内大自然。该园面积极小，仅有 $100m^2$ 的空间，没有水没有草木，却表现出内容丰富的大自然景观，真是一个放大盆景的抽象艺术作品。

2. 象征山水白砂石。在这狭小曲尺形空间内，同样采用石与白砂组成缩微的大自然景观，表现了大自然的山岳、河流与瀑布等。

3. 想象山瀑溪谷桥。此院枯山水庭的最远处是有如万丈飞瀑在倾泻，水急直下流入溪谷，悬崖峭壁矗立在两侧，在谷之中架有桥，河流中有船只往来，构成了一幅想象的立体的宏伟的大自然山水景观画面。

这一实例说明象征性的枯山水庭艺术已达到十分完美的水平。

大仙院（David H.Engel）

1. 石庭

2. 石庭（从相反方向观景）

该庭位于京都西北部，邻近金阁寺，建于 15 世纪，此石庭是在一禅室方丈前的面积为 330m² 的矩形封闭庭院。其特点是：

1. 自然朴素抽象美。这是受禅学思想影响，追求与世隔绝的大自然理念环境，创造出静看的抽象的大自然幽美景观。1992 年 3 月笔者站在此禅室外平台上静观此石庭，确实感到它是一个模拟大自然宏伟景观的一组抽象雕塑。

2. 象征大海覆白砂。石庭的全部地面铺以白砂，并将白砂耙成水纹形，以象征大海。

3. 象征岛群布精石。在白砂地面上，布置了 15 块精选之石，依次按 5、2、3、2、3 成五组摆放，象征五个岛群，并按照三角形的构图原则布置，达到均衡完美的效果。

4. 大海群岛联想像。这组抽象雕塑的石庭，给人以对宇宙的联想，使人联想到大海群岛的大自然景观，心情格外超脱平静，这就是禅学所追求的境界精神。

3. 从建筑平台俯视石庭

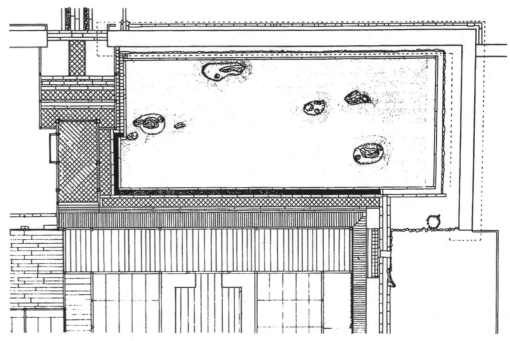

4. 平面（Irmtraud Schaarschmidt-Richter）

第四章 欧洲勒诺特时期

（约公元 1650 ～ 1750 年）

社会背景与概况

  法国路易十四时期在巴黎近郊修建了举世闻名的凡尔赛（Versailles）宫及其园林，这组建筑与园林满足了体现至高无上绝对君权思想的需要，因而此园的做法影响了整个欧洲，各国君主纷纷效仿，远至俄国、瑞典，近有德国、奥地利、英国、西班牙、意大利等地都建造了这种类型的宫殿园林，它在欧洲整整流行了一个世纪左右。

  凡尔赛宫园林设计人是法国的造园家勒诺特（Le Nôtre，1613 ～ 1700 年），他生于造园世家，创造了大轴线、大运河具有雄伟壮丽、富丽堂皇气势的造园样式，后人称其为"勒诺特式"园林。这一造园样式并非起源于凡尔赛宫园林，而是他设计建造的巴黎近郊的沃克斯·勒维孔特（Vaux Le Vicomte）园。后来，他又改造了卢浮宫前杜伊勒里（Tuileries）园，对于 19 世纪形成巴黎城市中心轴线起了重要的作用。"勒诺特式"园林虽然仅风行了一个世纪左右，但后来的影响还是存在的。我认为在今后仍然有参考价值，主要要看所造园林是否为大众使用。

  在这一时期内，所选法国实例有沃克斯·勒维孔特园，它是路易十三、十四财政大臣富凯的别墅园，富凯建此园是要显示自己的权威，设计人勒诺特满足了这一要求，此园所体现出至高无上绝对君主权威的思想和手法被路易十四看中，因而此园就成为凡尔赛宫建造的蓝本；重点实例是凡尔赛宫苑，它充分反映出"勒诺特式园林"的特征，有一条强烈的中轴线贯穿全园，主体建筑皇宫位于中轴线的开端，它控制着全园，在此中轴线上及其两侧布置规模宏大的水池、水渠、叠瀑、花坛、喷泉与雕像和不同样式的园中园，在中轴线的尽端为十字形大运河，园的四周以丛林环绕，整体气势威严壮美；还有由勒诺特改建扩建的杜伊勒里花园和在凡尔赛宫北面建造的"勒诺特式"的马利宫苑实例。

  受勒诺特模式影响的各国皇家园林实例，有最远的俄国彼得霍夫园，德国的在汉诺威近郊由法国人设计的黑伦豪森宫苑、在慕尼黑近郊由法国造园师扩建的宁芬堡宫苑和位于柏林附近波茨坦的无忧宫苑，奥地利的位于维也纳西南部的雄布伦宫苑与在维也纳的贝尔韦代雷宫苑，英国的伦敦由勒诺特改建的圣詹姆斯园和位于泰晤士河畔的汉普顿宫苑，西班牙的位于马德里西北面由法国造园师设计的拉格兰哈加宫苑，瑞典的由法国造园师设计建造的雅各布斯达尔宫苑与在斯德哥尔摩西面梅拉伦湖中岛上修建的德洛特宁霍尔姆宫苑，意大利的那不勒斯附近修建的卡塞尔塔宫苑。

  此时期中国正处于清代初期和中叶，系康熙、乾隆皇帝盛世时期，自然式园林建设又有发展，主要体现在离宫别苑的建造方面，这里首例选承德避暑山庄，规模大，占地 5.6km²，为朝廷夏季避暑使用，并有政治怀柔的作用，前宫后苑，前朝后寝，湖光山影，风光独特，将江南园林融于北方园林之中，共造有 72 景；第二个实例是北京圆明园，规模依然大，占地约 3.5km²，西宫东苑，皇帝于春、秋两季执政和生活在此处，系人造园，挖池堆山，以水景为主，山水相依，将江南美景，移此再现，皇帝题署命名的有 40 景；第三个实例是北京清漪园（现名颐和园），占地 2.9km²，前宫后苑，东面宫殿，东北面居住，依山扩大池面，此池名昆明湖，起疏通北京水系的作用，整体布局模仿杭州西湖，"一池三山"，借景西山，建筑呼应，园中有园，造景百余处。这三个实例代表着中国自然山水宫廷园林的最高水平。

  这一阶段，日本为江户时代，造园艺术处于繁荣时期，回游式池泉庭园已经成熟，又发展了茶庭，创造出回游茶庭混合式，这里以京都桂离宫为例说明这一新特点。

1. 全园鸟瞰（当地提供）

2. 留有城堡痕迹的主体建筑（当地提供）

该园是路易十三、十四财政大臣富凯 (Fouquet) 的别墅园，位于巴黎市郊，由著名造园家勒诺特设计。始建于 1656 年，南北长 1200m，东西宽 600m。由于富凯当时专权，建此园要显示自己的权威，设计人满足了这一要求，创造出将自然变化和规矩严整相结合的设计手法。这个设计指导思想和具体设计手法，为后来凡尔赛宫园林设计奠定了基础。他采用了严格的中轴线规划，有意识地将这条中轴线做得简洁突出，不分散视线，花园中的花坛、水池、装饰喷泉十分简洁，并有横向运河相衬，因而使这条明显的中轴线控制着人心，让人感到主人的威严。设计人达到了富凯的要求，但也使他丧了命。1661 年该园建成后，于 8 月 17 日第二次请王公贵族前来观园赴宴，路易十四也到园观赏，看后更加感到富凯有篡权的可能，于是借题在三周后的 9 月 5 日，将其下狱问罪，判无期徒刑，富凯 1680 年死于狱中。这个别墅园非常精美，笔者于 1982 年 5 月同阎子祥、张开济先生一同到此园参观，其主要特点有：

1. 大轴线简洁突出。南北中轴线 1200m，穿过水池、运河、山丘上的雕像等一直贯通到底，形成宏伟壮观的气势。

2. 保留有城堡 (Castle) 的痕迹。主要建筑的四周围有河道，这是护城河的做法。虽早已失去防御作用，但在建筑与水面、环境结合方面，取得了较好的效果。

3. 突出有变化有层次的整体。利用地形的高低变化，在中间的下沉之地，建有洞穴、喷泉和一条窄长的运河，形成形状、空间、色彩的对比。在建筑的平台上可观赏到开阔的有丰富变化的景观；若站在对面山坡上，透过平静的运河可看到富有层次的生动景色。

4. 能满足多功能要求。根据园主要求，园内能举办堂皇的盛宴，庄丽的服装展览，以及戏剧演出（曾演出莫里哀剧）、体育活动和施放烟火等。

5. 雕塑精美。在前面台地上或水池中，有多种类型的雕塑，在后面山坡上立有大力神 (Hercules)，并在中间凹地的壁饰上、洞穴中都有动人的塑像。

6. 树林茂密。周围是灌木丛、丛林，它们起到烘托主题花园的作用。

1705 年居住在这里的富凯夫人将此房产卖掉，1764 年、1875 年此房产又经两次转卖。后归索米耶 (Sommier) 先生，在他 1908 年去世时，此园基本恢复。在 1914 年，索米耶先生的儿媳埃德姆－索米耶夫人（Edme-Sommier）将此房屋作为医院，接收前线运回的伤员。1919 年，花园部分对公众开放，1968 年其建筑内部也允许参观。

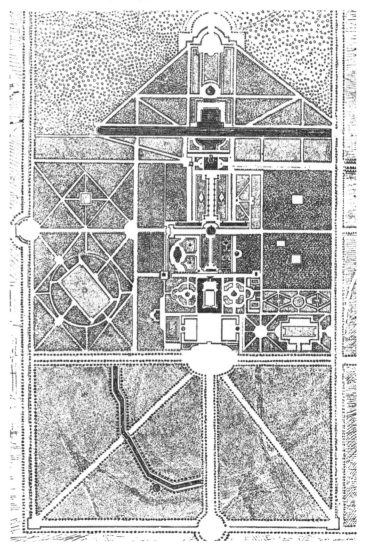

3. 平面（Marie Luise Gothein）

4. 主体建筑前花坛丛林

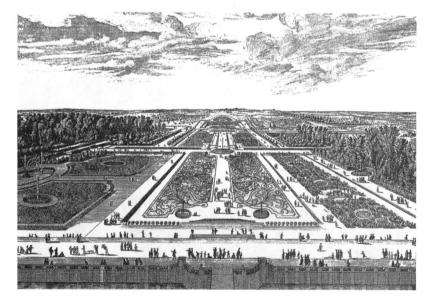

5. 从主体建筑中轴线望园景鸟瞰画
（Marie Luise Gothein）

6. 主体建筑侧面花坛画
（Marie Luise Gothein）

7. 中心大水池

8. 大水池下平台花坛

9. 运河中心

10. 运河中心后洞穴雕塑与山坡上大力神

11. 运河

132

12. 从运河中心望主体建筑（当地提供）

13. 花坛中雕像（当地提供）

14. 主体建筑室内装饰陈设

实例 56　凡尔赛（Versailles）宫

1. 位置（Edmund N.Bacon）

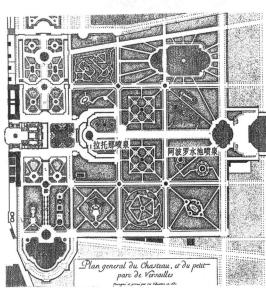

2. 中心部分平面（Marie Luise Gothein 1680 年）

在富凯被关起来之后，路易十四于公元 1662~1663 年让勒诺特规划设计凡尔赛园林。他提出：要搞出世界上未曾见过的花园，要超过西班牙埃斯科里亚尔宫。该园位于巴黎西南 18km，共建设了 20 多年，于 1689 年完成，1682 年路易十四把政府迁到这里。为了达到路易十四提出的要求，体现君主绝对的权威，勒诺特在凡尔赛宫园林设计中采取了如下手法。

1. 大规模。大胆地将护城河、堡垒合并，并向远处延伸，占地 110hm²，建筑面积 11 万 m²，园林面积 100hm²，建造成了如此宏大的园林。

2. 突出纵向中轴线。三条放射路，焦点集中在凡尔赛宫前广场的中心，接着穿过宫殿的中心，轴线向西北伸延，在这条纵向中轴线上布置有拉托那 (Latona) 喷泉、长条形绿色地毯、阿波罗 (Appolo) 神水池喷泉和十字形大运河。站在凡尔赛宫前平台上，沿着这条中轴线望去，景观深远，严整气派，雄伟壮观，体现出炫耀君王权威的意图。

3. 采用超尺度的十字形大运河。勒诺特对此设计从未感到怀疑，认为巨大的运河像伸出双臂的巨人，可以给人以无比深刻的印象。笔者 1982 年及其以后曾多次参观过凡尔赛宫，运河的宏伟，至今记忆犹新。运河纵向 1560m，宽 120m，横向长 1013m，这个放大尺度的运河，当时供路易十四在水上游赏使用，现已成为法国运河公园的一个最好实例。从实践情况来分析，这一构思与做法，可以说是在沃克斯·勒维孔特别墅园内采用横向运河的基础上发展的。粗犷的大运河景观十分开阔，它与细致的中轴线上的两大喷泉池形成对比，它们结合在一起，加强了轴线的宏伟气势。

4. 均衡对称的布局。在纵向中轴线两侧均衡对称地布置图案式花坛和丛林，既有变化，又是统一向心的。中轴线左右两个外侧，布置有一对放射路通向十字形运河两臂的末端，左端是动物园，右端是大特里亚农 (Trianon) 园。这样处理，既可突出中轴线，又增加了园景的内容与变化。

这也是沃克斯·勒维孔特园的发展。

5. 创造广场空间。在道路交叉处布置不同形式的广场，纵横向道路围起的绿地中也安排有各种空间，用作宴会、舞会、演出观剧、游戏或放烟火使用，以满足国王奢侈享乐生活的需要。

6. 丛林 (Bosquet) 背景。中轴线的突出，以及为宴会、演剧、舞会、娱乐使用的各种各样的活动空间，都是以丛林作为背景而形成的。如十字形大运河的外围丛林；左臂运河动物园丛林，并种有美丽的橘树林；特里亚农丛林；拉托那、阿波罗水池喷泉之间两侧的丛林；宫殿北翼雕塑水池周围丛林，后改为三个喷泉的背景丛林；以及水剧场半圆形舞台的背景丛林；还有具有动物装饰的喷泉背景丛林等。丛林是凡尔赛宫园林的基础。

7. 以水贯通全园。在纵向中轴线上布置连续不断的壮观水景，是凡尔赛宫的一大特点，也是它出名的一个主要原因。当地水源并不丰富，是从较远之处引水到宫中；由于耗水量极大，以致不能经常开放动人的喷泉。众多水景在前面已经提及，它们之间是互有联系与呼应的。这里仅介绍一下中心拉托那和阿波罗两大喷水池。拉托那喷水池，中心是一有四层圆台的雕塑喷泉，四层逐级向内收进，环绕圆台是许多张口的青蛙，一层台上还有人身蛙口的塑像，最上一层是女神像，当喷泉一起开放时，口中喷水，形成水山。这一壮观景色构成了花园景色的第一个高潮。阿波罗喷水池，中心是一年轻的太阳神和他的四匹战马，其半个身子露出水面；在其边上还有半人半鱼神吹喇叭，以示宣布一日的新光。此中心雕像群的巨大喷泉以及浩大的水池，构成了花园景色的又一个高潮，它也是运河水景的前奏，并起着连接运河的作用。

8. 采用洞穴。它作为建筑的一个部分被安排在园的北面。洞穴内部雕塑装饰有三组，中心是太阳神，有许多仙女围绕，左右两边是太阳神神马，还有半人半鱼神。洞穴是欣赏音乐演出的场所。

9. 遍布塑像。在中心的两大喷水池中，是以拉托那和阿波罗神塑像为核心，雕塑生动细致，神态自如，起到了点睛的作用。在两大喷水池中间的林荫路两侧各布置一排塑像，栩栩如生，起到陪衬作用。在宫前两侧的横轴线和水池周围，也都布置有精美的雕像，同样起着点景和衬景作用。所以遍布雕像也可以说是凡尔赛宫园林的一个特征。

10. 建筑与花园相结合。这一方面是法国园林设计的进步，改变了建筑与花园缺少联系的不足。当时的建筑趋势是，同花园设计一样，要表现绝对的君权，走向古典主义，建筑要简洁，有一定的比例，没有过多的装饰，庄严雄伟。建筑与花园的空间造型是十分协调的，建筑与花园相结合，还表现在互相的联系上，除将建筑的长边及其凹凸的外形同花园紧密联系外，有的还将花园景色引入室内。如著名的镜廊，全长 72m，一面是 17 扇朝向花园的巨大拱形窗门，另一面镶嵌与拱形窗门对称的由 400 多块镜片组成的 17 面镜子，在镜面中反映了花园景色。其他，如洞穴顶上布置花坛，活动空间中建筑与绿化、喷泉装饰、塑像布置在一起，所以人们说"宫殿转变为花园，花园转变为宫殿"，这说明凡尔赛宫的建筑与花园已结合成为一体了。

还有一个专门问题，值得单独说明。1670 年路易十四看了法国传教士关于中国情况的报告，对中国陶瓷制品非常感兴趣，于是在特里亚农 (Trianon) 花园的一个茶室中采用中国装饰，并以此来取悦蒙特斯庞 (Montespan) 夫人。在这里将蓝色大瓷瓶放在台阶和引向运河处，室内到处布置彩釉陶饰板，并以蓝色釉陶瓷砖铺地，还把大理石半身像放在釉陶底座上，这是一个欧洲国家受中国文化影响的较早实例。

勒诺特所设计的凡尔赛宫园林，是吸取了意大利文艺复兴时期台地园设计的优点，结合法国的情况，创造出法国"勒诺特式"园林，将新的规则式园林设计达到了新的高峰，勒诺特作为造园专家在欧洲红极一个世纪。

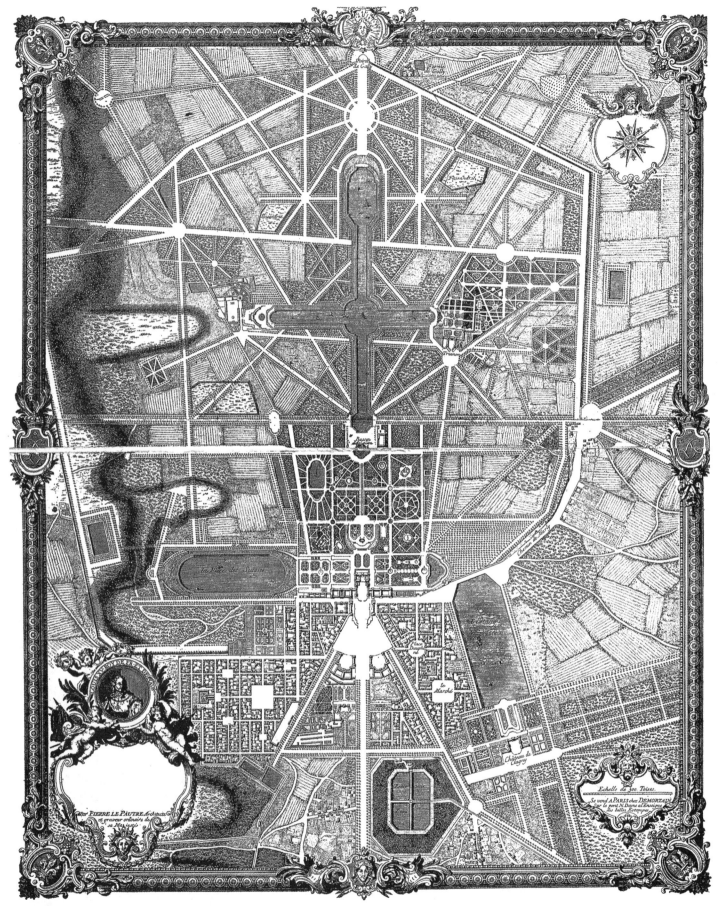

3. 总平面（Marie Luise Gothein）

4. 鸟瞰（当地提供）

5. 从阿波罗（Appolo）神水池喷泉沿中轴线望主体建筑（当地提供）

6. 主体建筑前望园景纵轴线

8. 阿波罗神雕塑

9. 主体建筑北翼前花园（当地提供）

7. 拉托那（Latona）喷泉（当地提供）

10. 大运河中心

11. 运河侧面尽端一角

12. 三喷泉广场画（Marie Luise Gothein）

13.Marais 丛林画（Marie Luise Gothein）

14.Thetis 洞穴内景画（Marie Luise Gothein）

15. 水剧场画（Marie Luise Gothein）

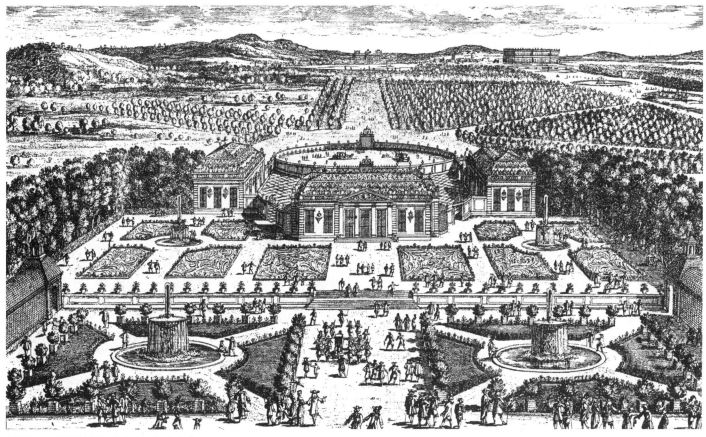

16.Trianon 园景画（Marie Luise Gothein）

17.Trianon 园景

18.Trianon 园建筑室内（受中国文化影响）

19. 海神池喷泉（当地提供）

20. 镜廊

21. 塑像

22. 塑像

23. 塑像

143

1. 现状鸟瞰（Yaun Arthus-Bertrand）

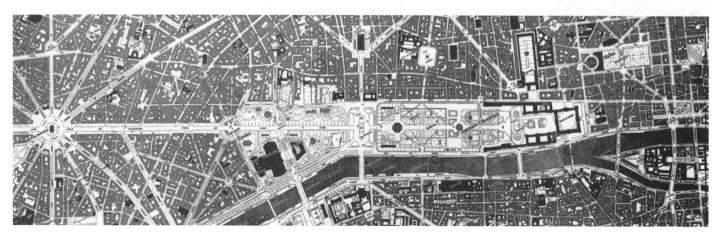

2. 平面（Edmund N. Bacon）

该园位于巴黎卢浮宫和协和广场之间。经过几个世纪的花园建设，到了路易十四时期，由勒诺特改建扩建，其突出成果是：

1. 城市、建筑、园林三者结合为一体。花园的中轴线十分突出，在轴线上或两侧布置喷泉、水池、花坛、雕像，此轴线正对着卢浮宫的建筑中心，同样体现了君王的威严。这一轴线后来向西延伸，成为巴黎城市的中心轴线而闻名于全世界。这一著名花园轴线、城市轴线是勒诺特打下的基础。

2. 此花园采用下沉式 (Sunkun)，扩大了视野范围。又可减少城市周围对花园内的干扰。这种手法是现代城市值得借鉴的一种好做法。

在下沉式花园设计中，台阶设计是一项重要内容，其高度要低一些，踏板要宽些，这两者之间有一常数关系，即：$2R$(Riser 竖板高)$+1T$(Tread 踏板宽)$=60cm$。按此公式设计，游人上下走比较舒服。

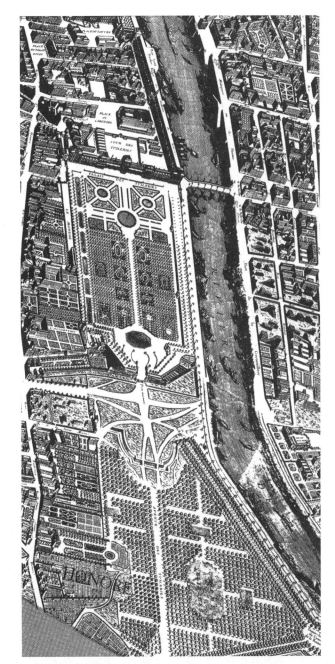

3. 鸟瞰画（Edmund N. Bacon）

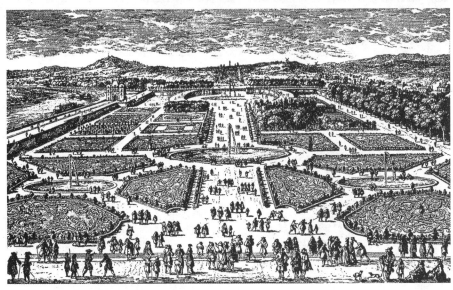

4. 中心鸟瞰画（Marie Luise Gothein）

5. 中轴线（自东向西望）

6.1600 年时模型

7.1740 年时模型

8. 中部大水池

9. 东部北面绿化雕像

10. 东部南面绿化雕像

1. 带两边道路全景面（Marie Luise Gothein）

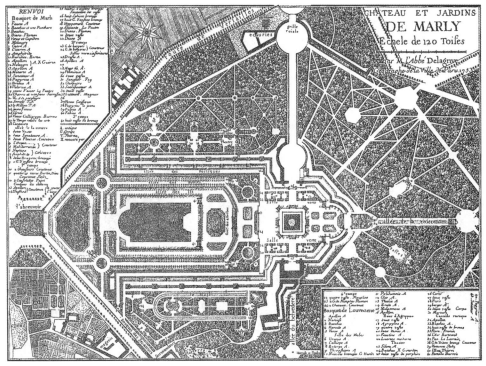

2. 平面（Marie Luise Gothein）

3. 雕塑（现存卢佛尔宫博物馆）

除凡尔赛宫之外，路易十四时期在凡尔赛宫北面还建造了一个"勒诺特式"马利宫苑，规模相当可观，周围有山。此园的特点是中心景观更为集中，水景极为壮观，有五道喷泉水池，形状各异，中心园为下沉式，富有层次，在中轴线尽端的建筑平台上，或在两侧各个建筑前的平台上，都能观赏到视野开阔的壮观水景全貌，后因水源不足等原因，逐渐荒废。宫苑内有名的雕像现存卢佛尔宫博物馆内。

下面介绍一些"勒诺特式"园林模式影响的各国园林实例。

4. 马池

5. 中轴线鸟瞰画（Marie Luise Gothein）

149

1. 从下面望长河喷泉景色（王毅先生摄）

2. 从上面俯视长河景色（王毅先生摄）

3. 从侧面看主楼前喷泉雕像群（王毅先生摄）

该园位于俄罗斯圣彼得堡市的西面郊区，建于1715 年，是彼得大帝的夏宫，由勒诺特的弟子设计。宫殿建筑群位于 12m 高的台地上，沿建筑中心部位布置一条中轴线直伸向海边，建筑平台下顺此轴线设计一壮观的叠瀑，瀑水流入压在轴线上的通向海边的长长运河，在叠瀑周围及运河两侧满布喷泉、雕像和花坛，在此中心轴线的外围密植由俄国各地和国外引进的树林，站在高高的建筑平台上，极目远望，可俯览此壮观的园林景色，并可看到芬兰海湾。1998 年 9 月笔者从莫斯科专程来此参观，正逢喷泉全开，感受到了这一雄伟壮丽的有层次的水色景观，着实令人心旷神怡。

4. 喷泉雕像群局部（王毅先生摄）

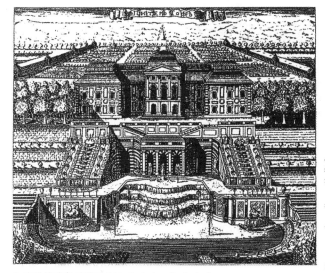

5. 中轴线喷泉景观画（Marie Luise Gothein）

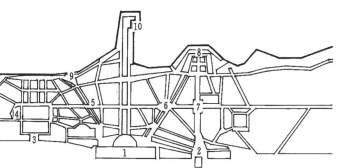

6. 平面　①大平台　②棋盘山　③金山　④玛利宫　⑤夏娃　⑥亚当　⑦彼得大帝一世纪念牌　⑧莫列津宫　⑨爱尔迷塔　日宫　⑩码头

151

1. 花园剧场（Marie Luise Gothein）

此宫殿建在汉诺威城近郊，其庭园部分是由勒诺特设计，该园的建造是由其他的法国人完成的。此园以水景闻名，建筑前有叠瀑，在中轴上布置规模宏大的水池喷泉，其中最大的一个还有四个水池在其两侧轴线上相陪衬，在众多的整齐花坛间布置有精美的雕像和花瓶装饰，花坛外围是壕沟，留有城堡痕迹。全园整体简洁壮丽。

2. 鸟瞰画（Marie Luise Gothein）

实例61 宁芬堡（Nymphenburg）宫苑

该宫殿园林建在慕尼黑近郊，1715年由法国造园工程师扩建此宫殿园林。该园的特点是，由水渠、大水池、喷泉、叠瀑、花坛、林荫大道组成突出的中轴线，且水景格外有气势，大水池叠瀑壮丽，喷泉冲天很高，中轴线上的水渠极长，因而传名四方。

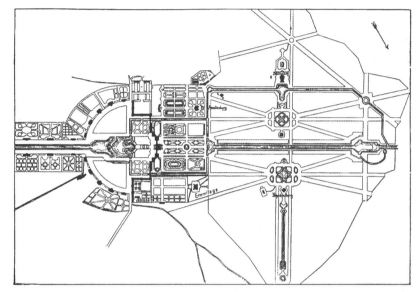

1. 平面（Marie Luise Gothein）

2. 水渠与瀑布画（Marie Luise Gothein）

3. 主要花坛透视画（Marie Luise Gothein）

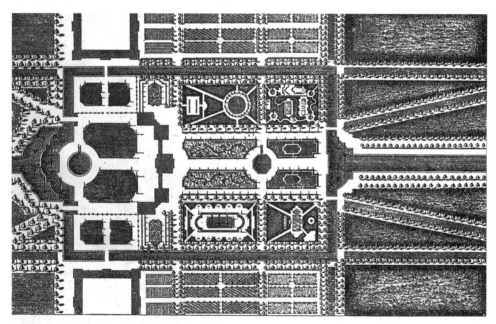

4. 主要花坛平面（Marie Luise Gothein）

154

实例 62　无忧宫苑（San Souci）

该园位于柏林附近的波茨坦，是腓特烈大帝在1745年建的无忧宫殿园林，为大帝隐居之宫苑。有人称其为小凡尔赛宫，特点是宫殿位于山冈上，在建筑前面是层层种有整形树木的台地，下面还布置有一个下沉式圆形水池喷泉，整体气势宏伟。

鸟瞰画（Marie Luise Gothein）

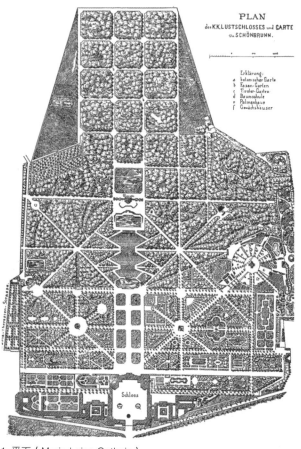

1. 平面（Marie Luise Gothein）

　　该宫苑位于维也纳西南部，与凡尔赛宫的历史相似，原是小猎舍，后发展为离宫，因财力不足，1750 年按小规模方案建造，占地约 130hm^2。其特点是丛林、水池、雕像、喷泉十分壮观，水池中的海神雕像和另一座水池中的山林水泽仙女雕像等十分精美。

2. 中心花坛（Marie Luise Gothein）

实例 64　贝尔韦代雷（Belvedere）宫苑

　　该宫苑在维也纳，同雄布伦宫苑一样出名，它建于17世纪，为奥地利尤金公爵所有。建筑位于高台上，下层有一巨大水池雕像喷泉，上下层由一叠瀑阶梯式水池相连，花坛、坡地绿毯、周围丛林将上下层融为一体，这是此宫苑的特点。

1. 鸟瞰画（Marie Luise Gothein）

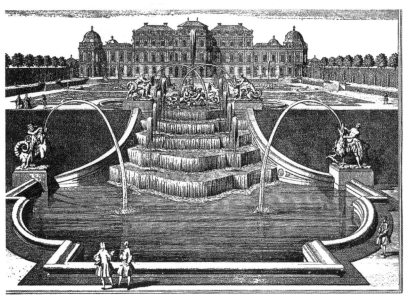

2. 中心瀑布水池（Marie Luise Gothein）

查理二世 (1660 ～ 1685 年在位) 很喜爱"勒诺特式"园林，曾写信给路易十四，邀请勒诺特来英国。1678 年勒诺特访问了英国，他进行的第一个园林设计，就是改造圣詹姆斯园，主要是开辟了一条轴线林荫大道。勒诺特对其他如格林尼治园等的改造，同样是开辟对称的轴线，以体现宏伟气势。

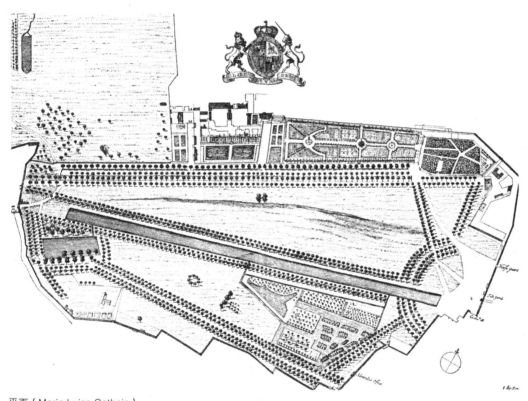

平面（Marie Luise Gothein）

实例 66 汉普顿（Hampton）宫苑

　　查理二世期间及其以后，对泰晤士河畔的汉普顿宫苑进行改造扩建，由赴法向勒诺特学习的英国造园师等规划设计。主要内容是，在建筑前建造了一个半圆形的巨大花坛，花坛中布置有一组向心的水池喷泉，巨大半圆形的林荫路连接着三条放射线林荫大道，中轴线非常明显突出，构成了汉普顿宫苑新的骨架，雄伟壮丽。此园在 18 世纪中叶，受自然风景式园林的影响，由威廉·肯特又进行了一些改变。

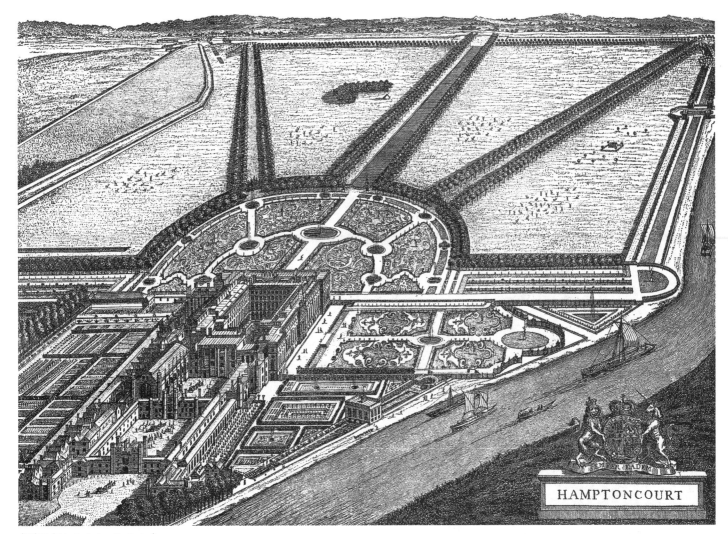

鸟瞰画（Marie Luise Gothein）

1. 雕塑喷泉（Marie Luise Gothein）

　　该宫苑位于马德里西北的一块高地上，建于路易十四之孙腓力五世时期 1720 年，由法国造园师设计，受到凡尔赛宫园林的影响，追求气派，形成绿色走廊，中间以对称的花坛、水池喷泉、跌落的瀑水、雕像和瓶饰等，突出中轴线。这里水源充足，水景宏伟。周围是以直线、放射线组成的花坛、丛林。后来支路出现一些曲线道路，这是受英国自然风景式园的影响。

2. 中轴线上主要花坛喷泉水池（Marie Luise Gothein）

　　此园建在瑞典雅各布斯达尔。17 世纪中叶克里斯蒂娜登基后，让法国造园师安德烈·莫勒设计建造此园，1669 年后查理十世遗孀爱烈奥诺拉王后又对该园进行了改造。此园是规则式，纵横轴线明显，由大小水池喷泉、雕像、花坛、柑橘园以及瀑布组成，总体布局和水景非常壮观，体现出"勒诺特式"的特征和莫勒的分区花坛的特点。

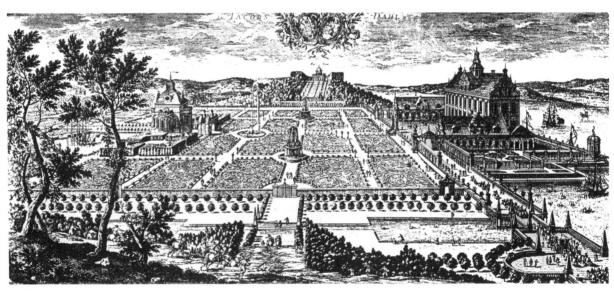

鸟瞰画（Marie Luise Gothein）

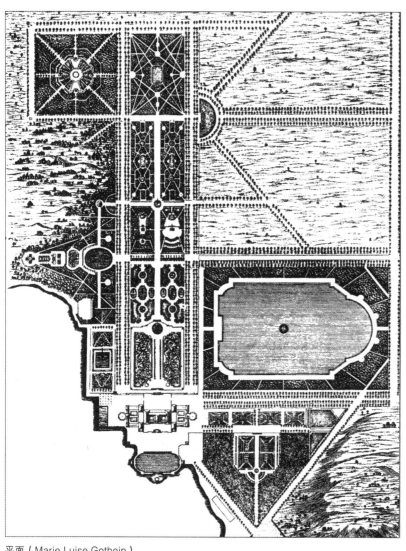

该园建在斯德哥尔摩西面梅拉伦湖中的一个岛上，原是城堡，爱烈奥诺拉王后喜爱此处，1661 年后改建为城堡，在其南修建这一园林。此园有一突出的纵向中轴线，由对称规整的花坛、造型树、水池、喷泉、雕像组成。在此中心地带两侧对角线布置不同形状的规则式花园、丛林、动物园等，既规整又有变化，整体布置反映出受凡尔赛宫的影响。

平面（Marie Luise Gothein）

　　该园建在意大利南部的那不勒斯附近的卡塞尔塔小城。勒诺特曾访问过意大利，其影响波及意大利的北方和南方，北部的园林都已荒废，唯此宫苑尚完整地保存在南方。该宫苑建于 1752 年，穿过宫殿的中心主轴线直至山脚下，在此轴线上布置有运河、花坛、叠瀑、喷泉、雕像，十分丰富多彩，两侧的丛林密布，变化多样，到达顶端是一组巨大的雕像和跌落的瀑布泉水，高差较大，加上狄安娜、阿克特翁神话故事中的人与动物群像，气势格外雄伟，震撼人心，形成了景观的高潮。1995 年 4 月笔者到此，对"勒诺特式"园林又一次留下了深刻印象。因中轴线过长，许多游人选择乘马车回到宫殿。

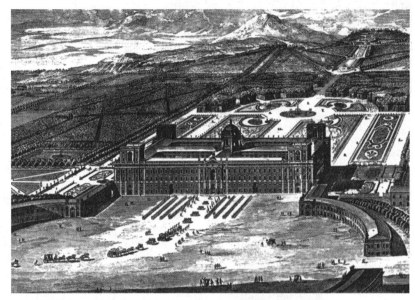

1. 鸟瞰画（Marie Luise Gothein）

2. 从顶端沿中轴线望宫殿建筑

3. 顶端瀑布

4. 顶端左边雕像群

5. 顶端右边雕像群（狄安娜神及其随从沐浴时受惊吓）

6. 中轴线中部水渠雕塑

7. 从中轴线中部水池看宫殿建筑

中　国

这一阶段，中国正处于清代初期和中叶，园林建设又有发展，主要体现在离宫别苑的建造上。这里选择三个实例，即承德避暑山庄、北京圆明园和北京清漪园，它们是康熙、乾隆皇帝盛世时期，吸取江南风景、造园的特点，融南、北方园林为一体建造的宫苑。这三个园林集中了中国历代造园的精华，达到了新的高峰，是中国传统园林的优秀典型。

实例 71　承德避暑山庄
（又名承德离宫、热河行宫）

1.《避暑山庄图》
（清冷枚绘）

166

该山庄位于河北省承德市北部，武烈河西岸，北为狮子岭、狮子沟，西为广仁岭西沟，占地5.6km²，与西湖面积相仿，始建于1703年（康熙四十二年），1708年初具规模，于1790年（乾隆五十五年）建成。该山庄的特点是：

1. 夏季避暑，政治怀柔。这里山川优美，气候宜人，满族人原居关外，进关入北京不适夏季炎热的气候，这里正适合帝后夏季避暑享乐；选择此地还有一个重要原因，就是政治上的考虑，此处为塞外，靠近蒙古族，也便于同藏族来往，为了加强对边疆的管理，统一中华民族，采取怀柔政策，常邀请蒙古族、藏族头目来此相聚，友好相处，因而选定此处建造离宫苑囿。该山庄确实起到了这双重作用。

2. 山林环抱，山水相依。山庄四周，峰峦环绕，山庄本身，其西北面为山峦区，占全部面积的4/5，平原占1/5，位于东南面，平原中的湖面约占一半，此水是由热河泉汇集而成。此山庄造园，根据自然地形，因地制宜，是以山林为大背景，创造山林景观，并集中在湖面创造许多山水景色，于平原处创造草原景观。所以说，该山庄园林属自然风景式园林，由山林、湖水、平原三部分组成，加上宫殿部分，景观丰富，以山林面积为最多。

3. 前宫后苑，前朝后寝。该山庄总体布局为两大部分，宫殿区在南端，苑囿在其后，为"前宫后苑"格局，便于功能使用。宫殿区由正宫、松鹤斋、万壑松风和东宫组成。正宫位于西侧，有九进院落，主殿为"澹泊敬诚"殿，在此朝政，为素身楠木殿，简朴淡雅，后面"烟波致爽"为寝宫，仍按"前宫后寝"的形制布局。

4. 湖光山影，风光旖旎。湖泊区是山庄园林的重点，位于宫殿区北面，湖岸曲折，洲岛相连，楼阁点缀，景观丰富。山庄内康熙四字题名有36景，乾隆三字题名有36景，在这72景中有31景在此湖区。康熙、乾隆数下江南，将一些江南名胜景观移植于此，如青莲岛烟雨楼仿嘉兴烟雨楼，文园狮子林仿苏州狮子林，沧浪亭仿苏州沧浪亭，金山寺仿镇江金山寺。这些景观点都布置成园中之园，由几条游览路线将其有机地连贯起来，富有韵律节奏。游至金山、烟雨楼高视点处，视野开阔，可眺望群山环抱的湖光山影，欣赏这里具有南秀北雄的园林景色。

5. 北部平原，草原风光。湖区北岸有四座亭，这里是湖区与平原区的转折处，进入平原区，碧草如茵，驯鹿野兔，穿梭奔跑，真是一片北国草原风光。其中的"万树园"景观区最为有名，原为蒙古牧马场，乾隆在此处建蒙古包，邀请蒙、藏等少数民族首领野宴、观灯火，

2. 平面（引自周维权先生《中国古典园林史》）
①丽正门 ②正宫 ③松鹤斋 ④德汇门 ⑤东宫 ⑥万壑松风 ⑦芝径云堤 ⑧如意洲 ⑨烟雨楼 ⑩临芳墅 ⑪水流云在 ⑫濠濮间想 ⑬莺啭乔木 ⑭莆田丛樾 ⑮苹香沜 ⑯香远益清 ⑰金山亭 ⑱花神庙 ⑲色月江声 ⑳清舒山馆 ㉑戒得堂 ㉒文园狮子林 ㉓殊源寺 ㉔远近泉声 ㉕千尺雪 ㉖文津阁 ㉗蒙古包 ㉘永佑寺 ㉙澄观斋 ㉚北枕双峰 ㉛青枫绿屿 ㉜南山积雪 ㉝云容水态 ㉞清溪远流 ㉟水月庵 ㊱斗老阁 ㊲山近轩 ㊳广元宫 ㊴敞晴斋 ㊵含青斋 ㊶碧静堂 ㊷玉岑精舍 ㊸宜照斋 ㊹创得斋 ㊺秀起堂 ㊻食蔗居 ㊼有真意轩 ㊽碧峰寺 ㊾锤峰落照 ㊿松鹤清越 51梨花伴月 52观瀑亭 53四面云山

有时也在此宴请外国使节。平原西侧山脚下按宁波"天一阁"布局建有"文津阁"，珍藏《四库全书》和《古今图书集成》各一部，为清代七大藏书楼之一。

6. 西北山岳，林木高峻。大片山岳区位于山庄西北部，此区内有几条自东南至西北向的松云峡、梨树峪、松林峪、榛子峪等具有林木特色的峡峪通向山区。在山岳区西部可观赏到"四面云山"景色，在北部可远眺"南山积雪"景色，在西北部可望见"锤峰落照"景色，在此三地景观处，修复了三座亭。山岳区内原有许多寺院和园林建筑，都已毁掉。

167

3. 行宫入口

4. 热河泉

5. 行宫内院

6. 金山亭

7. 从金山亭俯视湖光山色

8. 水心榭（湖泊东、西半部连接处）

9. 莲叶荷花景色

10. 外围景色（近为寺庙，远为棒槌峰）

1. 九洲清晏景画

2. 天然图画景画

遗址在北京西北郊,是清代在北京西北郊修建的最大的一座离宫别苑,占地约 3.5km²,它还包括长春园、绮春园(万春园),又称"圆明三园"。始建年代为1709年(康熙四十八年),是康熙赐给四子的一座私园,后四子登位为雍正帝,扩建为离宫,乾隆时再次扩建,于1744年(乾隆九年)建成。长春园、绮春园分别于1751年、1772年完成。不幸的是,1860年(咸丰十年)这座举世闻名的园林遭英法联军洗劫和烧毁。现在以圆明园遗址公园加以保护和整理。

　　1. 西宫东苑,功能双重。在圆明园西南为宫廷区,有正大光明殿、九州清晏等建筑群院落,为君臣处理政务之殿堂和帝、后的寝宫。一年四季,除冬季回京城皇宫,夏日去承德避暑山庄外,春、秋两季都生活在这里进行各项活动。在宫廷区的东面和北面为园林区,是帝后游幸之地。此离宫别苑具有双重功能,相当于京城内的紫禁城和西苑。

　　2. 挖池堆山,人工造园。此处为平地,同杭州西湖,承德避暑山庄的自然地势不同,完全是平地造园,依中国传统的造园手法,挖池堆山,创造出似自然的山水地貌,造出一个个意境不同的景观,这些山水景观有大有小,大小结合,构成一个有序的整体,体现出中国自然风景式园林的特点。

　　3. 墙隔门通,三位一体。此园实有三个,圆明为主体,附有长春园、绮春园。此三处园林是用墙分隔开,但开有福园门、明春门、绿油门,使主园与附园沟通,将三园连接在一起。

　　4. 水景为主,山水相依。圆明三园的景色都是以水景为主题,利用泉水开出的水面占全园总面积一半,最大的水面为福海,宽600m,许多中等水面宽200m,小水面宽40～50m,这些大中小水面由环绕的河道连接,构成一个完整的三园水系。傍水多为山,山水相依,创造出许多山水景观。

　　5. 江南美景,移地再现。该园利用人造的山水地貌,并配以名花嘉木和建筑,造出不同的景观有150多处,由皇帝命名题署的有40景。其中包括许多江南美景,如仿杭州西湖的"柳浪闻莺"、"曲院风荷"、"三潭印月"、"平湖秋月"、"双峰插云"、"南屏晚钟",仿绍兴兰亭的"坐石临流",仿湖南岳阳楼的"上下天光",取自陶渊明《桃花源记》的"武陵春色"等。乾隆数次下江南,喜爱这些美景,将其再现在圆明园中。

　　6. 象征寓意,意境景观。如后湖环列的九岛代表天下九洲,皆为王土,象征封建帝王统一天下;福海中的"蓬岛瑶台"表现神仙境界,象征神话传说中的东海三神山,

3. 上下天光景画

4. 武陵春色景画

与汉建章宫太液池中三岛的含意相同;"别有洞天"取自"大天之内有地之洞天三十六所",意指这里是真正神仙所住之地。

　　7. 园中之园,丰富统一。以山、水、建筑、林木、墙、廊、桥等分隔出的150多处富有意境的景观区,由陆路、水路将其连通起来,景色丰富,园中有园,整体统一。该园是中国平地造园,园中园景观最为丰富的一座园林,达到了中国传统造园的最高峰。

　　8. 西洋楼景,中西并存。在长春园北部边缘有一长条形景区,即"西洋楼"景区,此系乾隆时期由欧洲天主教传教士主持建造的欧式宫苑,有谐奇趣、黄花阵(即迷园)、方外观、海晏堂、远瀛观、线法山等,喷泉景观奇特壮丽,总体布局规整,纵轴、横轴线明显突出,自成一体,但与南部园景亦取得联系。现对此景区的看法有所不同,有人认为,风格对立,极不协调;另一种看法是,不同风格的园林,放在一起,也是一种做法,中西可以并存,中为主,西为辅,它们反映了当时世界园林发展的水平,是一个好的实例。笔者赞同后者的观点。

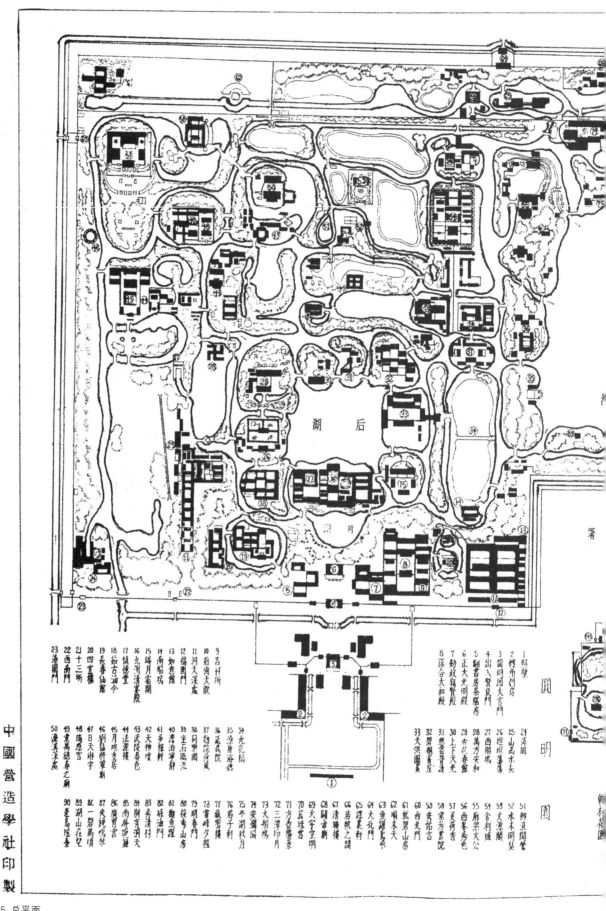

湖后

湖前

圆明园

署

5. 总平面

1 昭墙
2 椅角闸房
3 圆明园大宫门
4 出入贤良门
5 朝书房茶膳房
6 正大光明殿
7 勤政亲贤殿
8 深合太和

9 吉祥所
10 前挠大观
11 洞天深庭
12 福园门
13 如意馆
14 南船坞
15 绿月清风
16 九洲清宴殿
17 慎德堂
18 北远山村
19 长春仙馆
20 四宜楼
21 十三所
22 西南门
23 藻园门

24 汧溪园
25 山高水长
26 坦坦荡荡
27 西陌鸣
28 万方安和
29 奇花春馆
30 上下天光
31 慈云普护
32 碧桐书室
33 天然图画

35 坐石临流
36 濂身浴德
37 趱绣院
38 同乐园
39 潜泊翠风
40 多稼轩
41 廓然轩
42 天神坛
43 武陵春色
44 法源楼
45 地市春
46 刘猛将军朝
47 日天琳宇
48 瑞应宫
49 洞天鸿春之庙
50 濂溪乐处

51 柳浪闻莺
52 水木明瑟
53 文源阁
54 舍利城
55 斯柴大公
56 西峰秀色
57 含香
58 夹什书院
59 西北门
60 文佑门
61 紫碧山房
62 顺木天
63 鱼跃鸢飞
64 大北门
65 课农轩
66 若帆之阁
67 清漪楼
68 阁官阁
69 天宇空明
70 方壶胜境
71 三潭印月
72 蓬岛瑶台
73 大船坞
74 平湖秋月
75 安澜园
76 万春园
77 若子亭
78 藏密楼
79 明春园
80 接秀山房
81 麯院迴观
82 珠油村
83 多清村
84 别有洞天
85 雨庭映翠
86 廓习司
87 安佑宫
88 夹镜鸣琴
89 湖山在望
90 万岛瑶台

中國營造學社印製

172

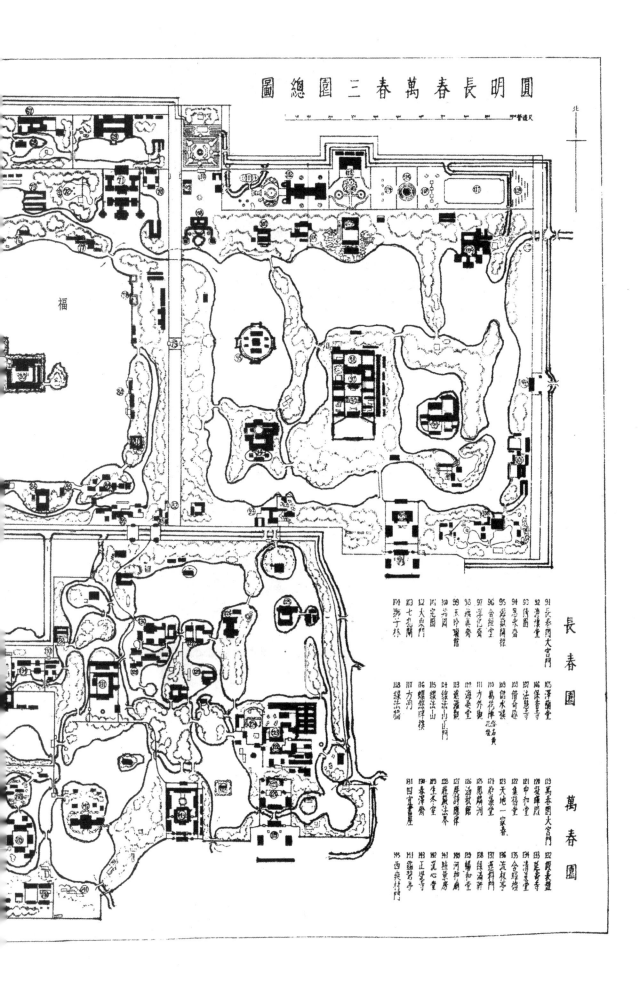

圓明長春萬春三園總圖

北

福

長春園　萬春園

91 長春園大宮門
92 澹懷堂
93 傳圍
94 恩永齋
95 含經堂
96 浮花閣接
97 淳化軒
98 蘊藻閣接
99 天玲讚樓
100 玉琦圖
101 宏圖
102 大東門
103 七孔閘
104 獅子林
105 長春園大宮門
106 寶香堂
107 法慧寺
108 疑暉殿
109 簡奇趣
110 萬花陣/花障/五黄
111 方外觀
112 海晏堂
113 遠瀛觀
114 線法山正門
115 線法山
116 螺螄牌樓
117 方河
118 線法牆

119 萬春園大宮門
120 中和堂
121 集福堂
122 含暉樓
123 天地一家春
124 敷春堂
125 溝樂堂
126 鳳麟洲
127 展詩應律
128 莊嚴法界
129 河神房
130 暢和堂
131 綠淨房
132 關東堤
133 慈雲寺
134 清夏堂
135 流杯亭
136 春澤齋
137 春心堂
138 綠滿軒
139 賜和堂
140 莫心堂
141 正覺寺
142 結景軒
143 龍鬚軒子
144 宜春書屋
145 西爽村門

尺营達

6. 正大光明景画

7. 长春仙馆景画

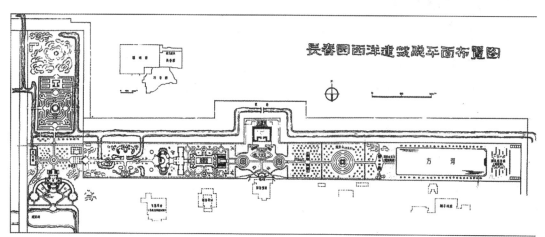

长春园西洋建筑群平面布置图

10. 长春园西洋建筑群平面

8. 万方安和景画

9. 茹古涵今景画

11. 长春园西洋建筑花园"迷园"（铜版画）

12. 长春园西洋建筑海晏堂西面（铜版画）

175

1.平面　①东宫门　②仁寿殿　③乐寿堂　④夕佳楼　⑤知春亭　⑥文昌阁　⑦长廊　⑧佛香阁　⑨听鹂馆（内有小戏台）　⑩宿云檐
⑪谐趣园　⑫赤城霞起　⑬南湖岛　⑭十七孔桥　⑮藻鉴堂　⑯治镜阁

该园位于北京西北郊，始建于 1750 年（清乾隆十五年），1765 年建成，名为清漪园，1860 年被英法侵略军焚毁，1886 年（清光绪十二年）重建，改名颐和园，1900 年又遭八国联军破坏，1901 年修复。此园占地约 290hm²，其特点是：

1. 依山开池，模仿西湖。这里原称瓮山西湖，明时建有好山园。在 1749 年（乾隆十四年），为疏通北京水系，引玉泉山水注入瓮山前的西湖，再辟长河引水入北京城。1750 年，在太后六十大寿前一年，乾隆为给其母祝寿决定在此建造清漪园，拓宽西湖水和瓮山后面水流，在前山的中部建大报恩延寿寺，将瓮山改名为万寿山，将西湖改称为昆明湖。这就是依山开池的因由。总体布局，完全是模仿杭州西湖风景格局，自然的万寿山高 40 多米，湖面比圆明园的福海大，是清代皇家园林中最大的水面。湖中建有西堤、支堤，将水面划分为一大二小，在这三个水域中各建一岛，象征东海三神山——蓬莱、方丈、瀛洲，亦延用汉建章宫太液池中三岛的做法，并同杭州西湖相仿；此西堤及堤上六桥是仿杭州西湖苏堤和"苏堤六桥"。大片昆明湖水为北面万寿山、西面玉泉山及其后面西山环抱，真好似杭州西湖的缩影。

2. 借景西山，建筑呼应。西边近景为玉泉山，山顶建一宝塔，远景为西山峰峦，景色十分深远，这开阔的园外美景皆借入园中，扩大了此园的空间，这是该园造园的一大特色。为了观赏这美景，在湖东岸建有夕佳楼，每逢夕阳西下之际，站此楼上可看到极富诗情的全园和玉泉山玉峰塔倒影的长卷画面。全园的中心建筑是毁后改建的佛香阁，其下面沿中轴线为排云殿等建筑群，为举行盛典之处，此阁高 36.5m，阁顶高出湖面 80m，成为全园的视线焦点，它控制着前山区，能俯览湖中三岛、东岸与西部的景区，以及山脚与山腰各景点的建筑，建筑之间彼此呼应。这些呼应的建筑起着双重作用，一是观景，二是被观赏的景点，丰富了园林景色。

3. 东面宫殿，东北居住。此离宫别苑，按清代规定，宫苑分开设置，采取的仍是前宫后苑的布局。宫廷区又分成朝寝两部分，位于东部布置以勤政殿（光绪时改名为仁寿殿）为中心的建筑群，是上朝处理政务之地；为了慈禧皇太后长时间在此居住，在东北两面扩建了后廷部分的玉澜堂、宜芸馆和乐寿堂，作为居寝之地。特别是慈禧居住之处乐寿堂，其布置格外精美，庭院中种有玉兰花，中心放有巨大的石景，透过对面廊道墙面上的什锦窗，可望到湖光美景。

4. 长廊连接，丰富景观。在前山脚下布置一长廊，将北部自东向西的建筑群连接起来，共有 273 间，长

2. 从文昌阁上西望万寿山昆明湖（近处为知春亭）

3. 从夕佳楼上观看湖山夕阳西下景色

728m，是园林中最长的长廊。它起到丰富园林景观的作用，无论从山上望湖或从湖上观山，都增加了景色的层次；它还是一条很好的游览路线，可观赏到许多变化的景观，阴雨时可避雨淋，烈日时可防日晒；它本身也是观赏的对象，在每间中都可欣赏到彩绘的各地山水画卷。

5. 园中有园，仿园寄畅。全园造景 100 余处，园中有园，沿湖东岸向北行有十七孔桥、知春亭、夕佳楼、水木自亲等园景，沿西堤北行是 6 桥景色和一片田园风光；在万寿山前山山腰东部有景福阁园景，可俯视开阔的全园山水景色，并可观赏东面的圆明园，前山山腰西部有画中游等园景，同样可横览全园的湖光山色，有如画中游赏；在两个关隘中间，顺后湖自西向东行，布置有 7 个园景，在东边关隘处，安排一园景，清漪园时称惠山园，颐和园时改名为谐趣园，是仿无锡寄畅园而建，乾隆数次下江南，十分喜爱寄畅园的以水景为中心的自然山水园，因而取其意移景此地。

6. 石舫西洋，对立统一。在前山西端的湖中建一石舫，其样式为西洋古典式，对此曾引起非议，认为在中国传统园林中，这种形式不伦不类，很不协调。笔者认为，此石舫的体量不大，又位于侧面次要位置上，有一不同风格的建筑也无妨，对立统一，亦可并存。

4. 从佛香阁侧面观湖山景色

5. 从东岸望十七孔桥与万寿山

6. 乐寿堂庭院（春天玉兰花开时）

7. 夕佳楼

8. 长廊

9. 长廊彩画

10. 乐寿堂东面芍药圃

11. 雪后长廊前

12. 听鹂馆内小戏楼

13. 从逍遥亭看听鹂馆入口

14. 谐趣园水景

15. 万寿山昆明湖碑

16. 宿云檐

日　本

这一阶段日本为江户时代（公元 1603 ~ 1868 年），其园林建设数量与规模都超过以往，造园艺术处于繁荣时期，回游式池泉庭园已经成熟，又发展了茶庭，将两者融合在一起是这一时期造园的特点，这里举例京都桂离宫说明这一特征。

实例 74　京都桂离宫
(Katsura Imperial Villa)

1. 中心景色（David H.Engel）

2. 主体建筑（当地提供）

3. 茶庭（David H.Engel）

该宫位于京都西南部，其西北为岚山风景区，占地 6.94hm²，因桂川从旁流过，故称桂山庄。始于 1620 年，为皇亲智仁亲王所有，1645 年由其子智忠亲王扩建，1883 年（明治十六年）成为皇室的行宫，称桂离宫。1976～1982 年翻修。此宫苑是由日本著名艺术家小堀远洲设计，被誉为日本园林艺术的经典作品。其特点有：

1. 回游茶庭混合式。前一阶段的庭园为舟游式与回游式池泉庭园混合式，此宫苑已转入回游式池泉庭园，并将 17 世纪前后发展的新型茶庭庭园，融合一起，组成回游式池泉庭园与茶庭的混合式。

2. 自由布局自然式。总体布局，包括建筑的格局、湖池河流的形状、道路的走向以及花木的配置等都不是规则式，而是自然式的自由布局，但联系有序，协调统一。

3. 重点突出主题景。虽为自然式布局，但主题景十分突出，中心是一个大湖，湖中有 5 个岛，主要建筑御殿、书院以及月波楼集中成组群地布置在湖的东岸，共同组成该宫苑的主要景观。月波楼正对湖心，为赏月之处。

4. 茶庭多样"楷、行、草"。共安排四个茶庭，名为笑意轩、园林堂、赏花亭和松琴亭，分别布置在湖岸和岛上。距离御殿较近的茶庭，布局规整，称为"楷"体；距离远的，布局自由，称为"草"体；布局折中的，名为"行"体。"楷、行、草"体，这是日本自己概括出的日本庭园设计的三种设计模式，它在此宫苑中同时得到了体现。

5. 建筑小品景色添。此园中有 16 座桥，用材多种，土、木、石桥皆有；还有 23 个石灯笼、8 个洗手钵，这些建筑小品的造型都各有不同，极大地丰富了各处景点的景色。

6. 树木群植景幽深。此宫苑的外围环境十分优越，西北面为林木苍郁的岚山风景区，四周为茂密的竹林，在园内所有山坡地上群植松、柏、枫、杉、竹以及棕榈、橡树等，形成绿荫幽深的景观。

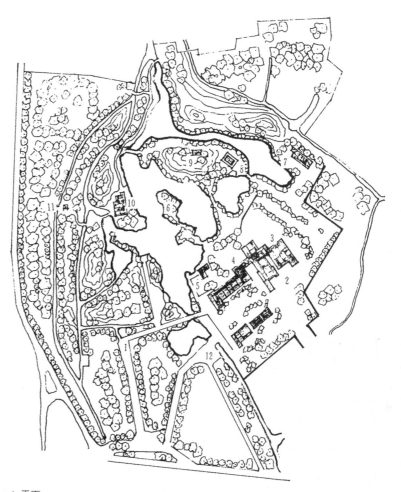

4. 平面
①御幸门 ②御幸御殿 ③新御殿 ④中书院、古书院 ⑤月波楼 ⑥神仙岛 ⑦笑意轩 ⑧园林堂 ⑨赏花亭 ⑩松琴亭 ⑪万字亭 ⑫通用门

第五章　自然风景式时期

（约公元 1750 ～ 1850 年）

社会背景与概况

18 世纪中叶，英国首先出现了自然风景式的花园，完全改变了规则式花园的布局，这一改变在西方园林发展史中占有重要地位，它代表着这一时期园林发展的新趋势。这种大的转变，是从文学界开始作思想引导的，英国散文作家艾迪生（Joseph Addison 1672 ～ 1719 年）、英国田园诗人蒲柏（Alexander Pope, 1688 ～ 1744 年）于 1712 年、1713 年先后发表有关造园的文章，赞美自然式造园，否定传统的规则式。同时影响到从事造园的布里奇曼（Charles Bridgeman, ? ～ 1738）、肯特（William Kent, 1685 ～ 1748 年）等人，引起共鸣，在造园实践中体现了这一思想。至 18 世纪中叶以后，法国孟德斯鸠、伏尔泰、卢梭等在英国基础上发起启蒙运动，卢梭于 1761 年还写出构思日内瓦湖畔的自然式庭园，这种追求自由、崇尚自然的思想，很快反映在法国的造园中。后面先介绍六个英国的实例，首先是斯托园，它是欧洲第一个冲破规则式园林框框转向自然风景式园林的典型花园，总体布局去掉轴线、直线，湖面更加自然，草坪、树丛配置自然，树种丰富；还有位于伦敦附近的奇西克园，其整体布置是规则加自然风景式，属于规则转向自然过渡的实例；第三个实例是在利物浦东面地区的查茨沃思园，原为规则式，后部分改造成自然风景式；第四、五、六个实例是位于伦敦附近的谢菲尔德园和位于埃克塞特东北面的斯托·德园以及位于伦敦西部的丘园，这三个园皆建成于 18 世纪下半叶，总体格局都是自然风景式，没有规则式做法，去掉了整形的植物，配置多种花木，景色丰富，色彩斑斓，是自然风景式阶段比较成熟的实例。

这一时期，法国转向建造自然风景式园林的实例，首举埃默农维尔园，该处于 1763 年归吉拉尔丹侯爵所有后，他支持其朋友卢梭大力提供"回归大自然"的先进思想，将此园的总体布局改成自然风景式；第二个实例是凡尔赛宫后面的小特里亚农园，该园在路易十六赐予王妃玛丽·安托瓦妮特后，于 1784 年将大部分改建为田园景色的自然风景式；第三个实例是在巴黎的蒙索园，入口部分为规划式，后面大面积为自然式田园景观，是一个规则加自然式的实例。德国的实例有在德绍的沃利茨花园，建于 18 世纪下半叶，完成在 19 世纪初，总体布局为自然风景式，有开阔的水面、大岛、小岛和田园风光；另一个是穆斯考园，建设时间为公元 1821 ～ 1845 年，该园自然如画，弯曲的河流从园中穿过，河岸两边为不同景观的林苑，它是德国自然风景式园林的一个典型实例；还有施韦青根园，此园原为规则式，于 1780 年将其西北部改变为自然风景式。此外，还介绍一个西班牙的拉韦林特园，它位于巴塞罗那城的北部，始建于 1791 年，19 世纪上半叶建成，总体布局为自然加规则风景式。

这一阶段，中国是清代由兴盛走向衰落的时期，各地园林建设规模不大，园林艺术没有什么发展，建筑与园林走向烦琐，可称之为东方的"巴洛克"，这里介绍了三个不同的实例，第一个是江苏扬州瘦西湖，为大众公共活动之地，系自然风景式；第二个是广东顺德清晖园，为私人花园，整体自然，局部规则，属自然带规则风景式；第三个是北京恭王府花园，为恭王私人花园，整体规则，局部自然，属规则带自然风景式。

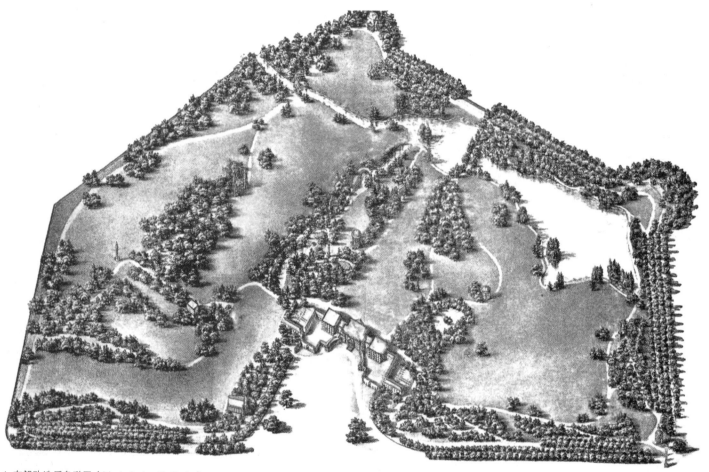

1. 布朗改造后鸟瞰画（Marie Luise Gothein）

2. 园景透视画（原湖面大到能行船）

该园于 18 世纪上半叶建在白金汉郡，为科巴姆 (Coblham) 勋爵所有，由布里奇曼 (Charles Bridgeman) 设计，后肯特 (William Kent) 作了补充，体现了蒲柏 (Alexander Pope) 的思想；于 18 世纪中叶以后由肯特的学生布朗 (Lancelot Brown，1715~1783 年) 又作了更为自然的改造。它是自然风景式园林的一个杰作，是首先冲破规则式园林框框走上自然风景式园林道路的一个典型实例。

最初的设计，可以说是向自然式过渡的阶段，整体布局是由两个不规则形的湖面围绕着花园中心的绿树带。但主要道路仍采用直线或对称形式，仅将次要道路设计成曲线，有的曲线为曲而曲，有些形式主义。后经布朗改造，其特点是：

1. 去掉轴线、直线。将原有的中轴线和直线道路都改为自由的曲线，从总体上彻底改变了严整的布局。

2. 湖面更加自然。将湖面做成曲线和小河湾，形成动感的湖面。布朗想使湖岸超过泰晤士河的美，他对湖岸自我陶醉，曾惊奇地说："喏！泰晤士！泰晤士，你永远不会原谅我。"确实，这个湖岸曲弯自然。

3. 草坪、树丛配置自然。大片草地（Meadow）绿色成茵，小块树丛散点成荫，使得新的花园贴进树林，树林贴近自然，这一新风格，人们称它为 "Park like"。

4. 树种丰富。引进国外灌木、树木，通过精心培植，使当时世界流行的花木适合当地条件壮丽生长。

5. 仍保留着旧城堡园的痕迹。

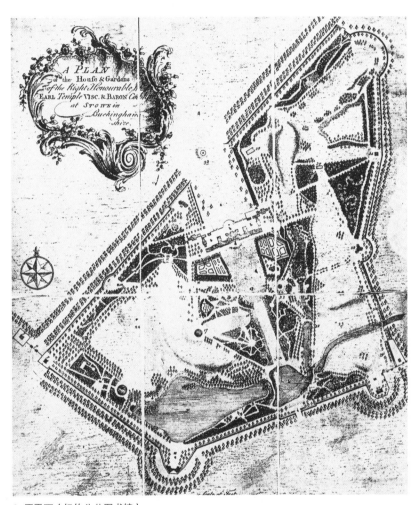

3. 原平面（纽约公共图书馆）

实例 76　奇西克（Chiswick）园

　　该园位于伦敦附近，建于 18 世纪中叶，由造园家肯特设计。此园的所有者是勋爵伯灵顿 (Burlington)，他支持肯特追求自然的造园观点。此园中部有一河流穿过，河岸做成不规则形，弯曲自然；河的两边由几条直线放射路分成几片绿地，在这几片绿地中未作对称规则布置，而是采用动的曲线布置路经，其间安排水池、喷泉、丛林等，组成风景如画、如诗的景观；其种植遵循蒲柏崇尚自然的思想原则，肯特与蒲柏是朋友。从总体布局的骨架来看，此园是规则加自然风景式，所以从发展过程分析，它可属于规则向自然式过渡的实例。但这种规则加自然式的做法，至今在一些现代园林中仍然采用，我们对此不能全然否定。

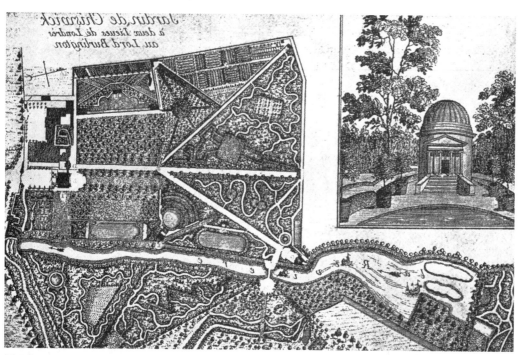

平面（Marie Luise Gothein）

实例 77　查茨沃思（Chatsworth）园

该园在利物浦东面地区，17世纪时，为典型的规则式园林，有明显的中轴线，侧面为坡地，布置成一片片坡地花坛。原设计人是法国格里耶(Grillet)，此人曾跟勒诺特学习过，显然是采用勒诺特式。到18世纪中叶，由英国著名造园家布朗对此园进行了改造，将其中一部分改成当时流行的自然风景式风格，特别是在种植方面。在坡地升高的地方，改变了原来的道路，建成大片的草坪，林木自由地种植。沿路虽然比较规则地布置一些雕像或灌木，但改造部分的总效果已大为改观，形成自然风景式。

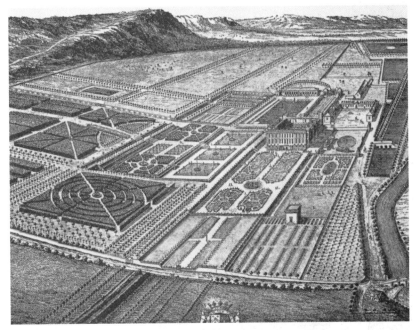

1. 鸟瞰雕刻画（Marie Luise Gothein 1699 年）

2. 改造后的园林一角，坡地墙是 19 世纪由 Paxton 设计（Arthur Hellyer）

该园位于伦敦附近，建成在 18 世纪下半叶，至今已有 200 多年的历史，是由造园家布朗设计。总体格局是自然风景式，没有规则式的做法。中心是由两个湖组成，岸边种有适合沼泽地生长的柏树，高直挺拔，并配植其他多种花木，具有植物园的特色。每逢仲春初夏季节，色彩灿烂；秋季时，彩色辉煌，这两个季节是观赏此园景色的最好时光。1900 年前后，此园又进行了第二次修建。该园是由规则式转向自然风景式阶段的一个好实例。

1. 主要湖面的秋景（Arthur Hellyer）

2. 围绕第二湖面种植许多外来树种（Arthur Hellyer）

实例 79　斯托黑德（Stourhead）园

该园位于埃克塞特 (Exeter) 东北面的斯托顿 (Stourton)，建于 18 世纪下半叶，其总体布局的设计具有如下特点：

1. 因水得园名。该园靠近斯陶尔河，提升此河水入园，好似这河水之首，故称此园之名为 "Stourhead"。

2. 总体自然式。布局为自然风景式，各种树木都按自然生态生长，完全去掉了整形的植物。整形的树木在英国搞的最多，这也是英国造园的一个特点，对于此种做法不能全部否定，今后在园中局部采用仍是可以的，特别是一些整形的灌木是需要的。

3. 主景突出。中心为一较大湖面，形成开阔的湖色风光，湖后为大片树林和草坪，沿岸还布置有庙宇建筑，构成了一幅自然风景画面。

4. 景色丰富。在湖面的窄处，设有五孔拱桥，桥旁有村庄、教堂建筑等，又形成了另一景观，景色有变化。此外，还有洞穴等景观。

5. 四季皆有景。该园的花木配置，考虑了四季的变化与特点，四季都有不同的景色可以观赏，所以有人称赞此园："四季都适合拍摄其自然风光。"我们认为，它是一座代表英国自然风景式园林的典型实例。

1. 五孔拱桥（Arthur Hellyer）

2. 主要湖面的秋景（Arthur Hellyer）

1. 中国塔周围景色画（Marie Luise Gothein）

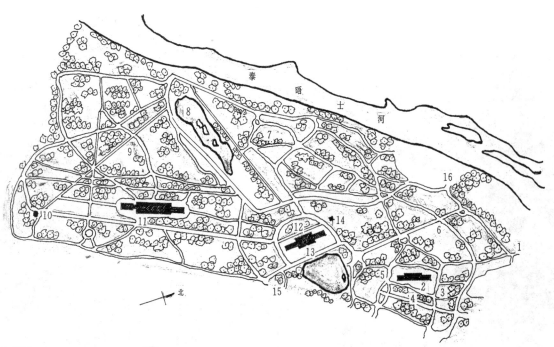

2. 平面　①主入口大门　②兰花等温室　③草地园　④岩石园　⑤树木园　⑥柑橘园　⑦竹园　⑧湖　⑨林间开敞地　⑩中国塔　⑪温室　⑫玫瑰园
⑬棕榈树室　⑭水百合室　⑮胜利门中心　⑯丘宫、皇后花园

此园位于伦敦西部泰晤士河畔，18 世纪中叶以后得到了发展。

对英国造园有一定的影响的钱伯斯 (William Chambers)，于 1758～1759 年负责丘园工作，他在中国东印公司工作过，1757 年著有介绍中国建筑设计的书，将中国建筑与花园介绍到英国，他赞赏中国富有诗情画意的自然式园林，但他也喜欢意大利规则式的台地花园，曾说过自己"不能抗拒意大利花园的魅力"。他对丘园有较大贡献，该园的特点是：

1. 模仿自然画。总体布局为自然风景式，东面设水池，西部有湖面，道路曲直，彼此呼应，将不同景观联系起来。该园原是为乔治三世母亲建造的一个别墅园，她希望有画一般的风格，因而尽量创造自然如画的景色。

2. 造了中国塔。此塔是 10 层，而不是中国塔的奇数，提供了一个很高的观赏点，登塔眺望，全园景色尽收眼底，塔起到了造山的作用。

3. 造假古迹。建有一个罗马遗迹和一些希腊神庙。钱伯斯在园中增加这些建筑装饰，是其浪漫主义的表现，当时遭到一些人的反对。

4. 引进国外树种，成为世界知名植物园。此园引进美国松柏、蔓生类植物和其他外国林木，园东部水池前建有棕榈树温室，温室前布置玫瑰花园等，至 19 世纪该园就已变成闻名欧洲的植物园。

3. 中国塔

5. 仿造古迹（Marie Luise Gothein）

4. 温室

195

法 国

18世纪法国启蒙主义运动是受英国理性主义的影响，法国启蒙主义运动的倡导人之一卢梭大力提倡"回归大自然"，并具体提出自然风景式园林的构思设想，后在埃默农维尔园林设计建造中得到体现，所以我们首先介绍这一实例。中国自然式园林对法国有些影响，但不是主要方面，法国园林转向自然，主要是其哲学文学思想家、造园家自身的作用。中国园林中的桥、亭或塔等在法国一些园林有所修建，现已大都被毁。

实例 81　埃默农维尔（Ermenonville）园

该园位于亨利四世（公元 1586～1610 年）的城堡周围，1763 年归吉拉尔丹侯爵（Marquis de Girardin）所有。其特点是：

1. 园主支持自然风景式造园。吉拉尔丹和卢棱是朋友，接受他提出的自然风景式园林的构思设想，他本人访问过英国，认识了英国造园家钱伯斯等人，支持自然式造园的新思想，后此园的设计还得到莫勒的参与帮助。

2. 总体布局为自然风景式。全园由三部分组成，包括大林苑、小林苑和偏僻之地。主体部分为大林苑，有一较大的水面，还有瀑布、河流、洞屋和丛林等，其布局与形式都为自然式。

3. 水面中心有一著名的小岛。岛上种植挺拔的白杨树，还建有卢梭墓，1778 年卢梭临终前两个多月是在此园中度过的，此岛因卢梭墓和白杨景观而出名。

4. 偏僻之地十分自然。这部分有丘陵、岩石、树林和灌木丛林等，颇具自然野趣。

5. 园主将视听结合。吉拉尔丹专门组织音乐团来园中演奏，把美妙的乐声融于诗情画意的景色之中，更增加了田园的自然情趣。

1. 建有卢梭墓的白杨树岛（Marie Luise Gothein）

2. 眺望园景的 Gabrielle 建筑（Marie Luise Gothein）

实例 82　小特里亚农（Little Trianon）园

此园的建造分两个阶段。第一段为路易十五模仿路易十四的凡尔赛宫内特里亚农宫修建的，建有温室、花坛、国外树种等，具有植物园的特征，于 1776 年完成；第二段为路易十六将此园赐给王妃玛丽·安托瓦妮特 (Marie Antoinette)，她按个人兴趣，将部分改建为田园景观，使小村庄成为全园的中心，附近还有农场、牛奶场、谷仓等，形成了村落的田园景色，于 1784 年建成。该园总体格局为规则和自然的混合式，入口左面为规划式，占大面积的右面与后部为自然式。

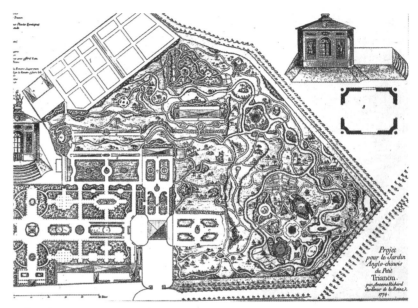

1. 平面（Marie Luise Gothein）

2. 牛奶场景观（Marie Luise Gothein）

3. 村庄景色（Marie Luise Gothein）

实例 83 蒙索（Monceau）园

该园在巴黎，建于 1780 年，由法国艺术家卡蒙泰勒 (Carmontelle) 设计，为奥尔良公爵菲利普 (Philippe of Orleans) 所有。此园的特点是：

1. 入口部分为规则式。入口附近布置一中心建筑，作为宴请、欢乐使用，周围是规则的花坛、林木，比较开敞。

2. 后面是大面积的具有异国情调的自然式田园景观。根据起伏的地形，引水造池，布置有意大利葡萄园、荷兰风车和六角形蔷薇园等。

3. 还特意造一希腊式大理石石柱的废墟遗迹。

以上两个实例的规则加自然式的做法，在现代园林设计中常有采用。

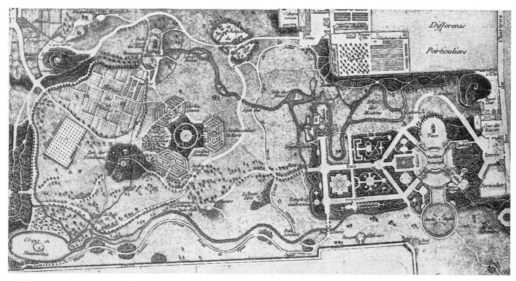

1. 平面（Marie Luise Gothein）

2. 建造的废墟遗迹（Marie Luise Gothein）

德　国

英国自然风景式造园影响到德国，18世纪下半叶德国一些哲学家、诗人、造园家倡导崇尚自然，在18世纪90年代德国著名哲学家康德和席勒进一步在推崇自然风景式的造园。下面介绍几个这一时期的德国自然风景式园林。

实例84　沃利茨（Wörlitz）园

此园在德绍 (Dessau)，建于18世纪下半叶，完成于19世纪初，为公爵弗朗西斯 (Duke Francis) 所有。该园的特点有：

1. 总体布局为自然风景式。按英国自然风景式设计，开阔的水面位于园的中心，形成对角线构图，并布置大小岛，景观丰富，富有变化。

2. 重点建大岛。大岛位于园的西北部，建成常青冬景，岛中心建有迷园，称此处为"极乐净土"。

3. 小岛仿名胜。在大岛旁模仿建造法国埃默农维尔的"白杨、卢梭墓岛"。

4. 造建筑庭园。在园的西南部建有哥特建筑的庭园，还有寺庙、洞室、博物馆等建筑花木景观。

5. 创田园风光。在园的东北部，河流弯曲，架有许多小桥，布置有牧场、田野、林苑，形成宁静的田园风光。

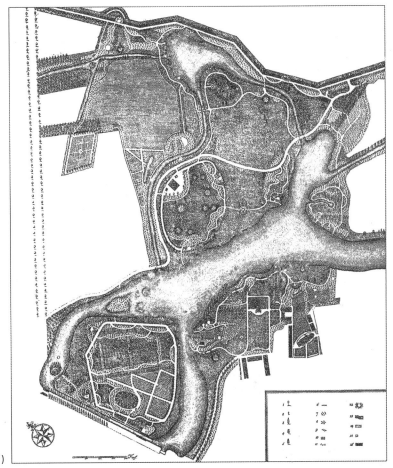

1. 平面（Marie Luise Gothein）

2. 自然景色画（Marie Luise Gothein）

实例 85　施韦青根（Schwetzingen）园

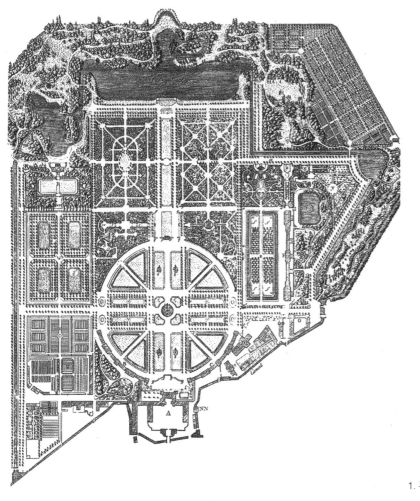

此园在德国施韦青根，开始建园较早，于 17 世纪下半叶将菜园改为花坛，18 世纪上半叶又扩大园的面积，形成十分规则、中轴线突出对称的格局。在这里介绍的主要内容是，于 1780 年前由德国著名造园家斯凯尔 (Friedrich Ludwig von Sckell) 对此园西北部的改造，由规则改成英国自然风景式。改变的很自然，在一旁还造出了仿伊斯兰清真寺的景观。这是斯凯尔早期的作品，他在法国学习研究过植物学，后到英国学习，结识了布朗、钱伯斯等造园名人。

1. 平面（Marie Luise Gothein）

2. 清真寺（Marie Luise Gothein）

实例 86 穆斯考（Muskau）园

该园在德国穆斯考，建设时间为公元 1821 ~ 1845
年，设计人即此园所有者皮克勒 (Ludwig Heinrich
Fürstvon Pückler-Muskau)。皮克勒是学法律专业，后
弃所学从军，19 世纪上半叶对造园广泛进行研究，曾赴
美国、英国等地，引进美国树种。他所设计的穆斯考园
自然如画，弯曲的河流穿过园的中部，河两边有节奏地
布置阔叶树林、美国树林和少量的针叶树林，并点缀一
些建筑，构成了不同的林苑景观。建成后，因财力不足，
将园让出，但此园成为德国自然风景式园林的一个典型
实例。

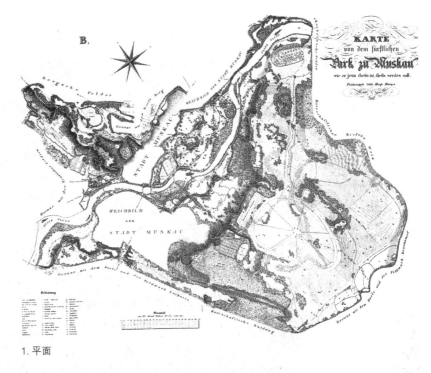

1. 平面

2. 自然景色（Marie Luise Gothein）

1. 迷园喷泉水池

2. 广场、中国式门（左角）

3. 河渠自然景色

该园位于巴塞罗那城北部边缘，始建于1791年，19世纪上半叶还在不断添建，所有者是马奎斯(Marquis)，设计人是意大利建筑师，法国人负责园艺种植。其整体布局和建筑形式都受到当时浪漫主义和古典复兴思想的影响。1995年12月笔者参观此园后，发现它是代表这一时期的较好实例，其特点是：

1. 总体布局为自然加规则风景式。仅中心部分为规则式，景观丰富，有层次变化。在外围的东面，布置有观赏和休闲的小花园，西面安排有多个自然田园的景观，总体联系完整。

2. 主体建筑环境优美。主体建筑小巧简洁，为古典复兴式，位于坡地较高处，前面是坡地花坛、迷园，后面为方形水池、洞屋雕像和大片丛林，环境清幽。主人是高知研究科学人员，常在这里举办活动。

3. 迷园精美。由较高柏树篱组成，设有拱形门，中立雕像，前有水池喷泉，是我所见迷园中最美的一个。迷园是从希腊迷宫而来，在文艺复兴时期意大利园中多建有迷园，这一传统形式一直保留延续至今。

4. 小花园精致。进园往东有一中国式门，在此门东南有一盆栽花木的小花园，称其为Boxtree Garden，现盆栽极少，为绿篱花坛，配以雕像，十分精致。在此园东面尽端的树丛中，布置桌椅，又是一处清静休闲之地。

5. 田园自然景观丰富，在园的西部，从中心主体建筑漫步至此，可陆续见到浪漫式的喷泉、瀑布、浪漫式小花园和农舍等丰富的自然田园景观。

5. 从主体建筑前远眺迷园

6. 主体建筑后水池、洞屋雕像

7. 主体建筑

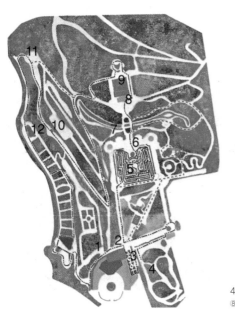

4. 平面（当地提供）　①中国式门　②广场　③盆栽花园　④家庭花园　⑤迷宫　⑥雕像亭　⑦自然河渠　⑧主体建筑　⑨大水池　⑩浪漫式喷泉　⑪瀑布　⑫浪漫式花园

实例 88　扬州瘦西湖

　　这一阶段，正是中国清代由兴盛逐渐走向衰落的时期，各地园林建设的规模普遍不大，建筑与园林趋向烦琐，从园林艺术性来看，没有什么进展。中国传统园林有其共性，总体来看为自然风景式，在大同中又有小异，这里列举三个实例，一是江苏扬州瘦西湖，它属于自然风景式，但又与苏州园林有所不同，受扬州画派影响自成一派；二是广东顺德清晖园，它代表着岭南园林特色，属自然带规则风景式；三是北京恭王府花园，为北京王府花园的代表，属规则带自然风景式。

1. 从吹台方亭看白塔、五亭桥晨景

2. 白塔、五亭桥夕阳剪影

3. 从五亭桥上东望吹台（右为凫庄）

该湖位于扬州府城外西北部，1765 年前盐商们为取悦皇帝在原保障河两岸造景形成景区，使其成为清乾隆第四次南巡的游览区。其特点是：

1. 自然水景，如带串联。此处原为保障河，因清乾隆时诗人王沆的一首诗"垂杨不断接残芜，雁齿红桥俨画图，也是销金一锅子，故应唤作瘦西湖"，由此而改称瘦西湖。在清以前这里已建有园林建筑和园林景点，1765 年前修复一些建筑景点并大量添建园亭，建成 24 景，如西园曲水、长堤春柳、四桥烟雨、梅岭春深、白塔晴云、蜀岗晚照、万松叠翠等，这些园景沿弯曲带状的瘦西湖两岸布置，以此带状自然水景将 24 景和谐地串联在一起，有如一幅自然山水风景长卷。在 19 世纪，此处已逐渐衰落，20 世纪 50 年代后开始修复。

2. 性质多样，公共使用。过去，这里除私人宅园为个人使用外，其余寺庙园林如莲性寺、大明寺，酒楼茶肆园林如竹楼小市景点，祠堂园林与书院园林，还有其他许多风景游览点，其性质是多样的，但都是开放的，为公共所使用。

3. 互相对景，相互借景。这一湖区景色，以纵向景观为多，景点位置的安排很巧妙，每一景点都能观赏到均衡的其他景点，相互对景和借景。最精彩的对景，如中心部的吹台，乾隆在此钓过鱼，故又名"钓鱼台"，台上建一方亭有两个圆洞门，恰好面对五亭桥和白塔两个重要景点建筑，构成了一幅精美的有代表性的瘦西湖景观画面。若在五亭桥上眺望，近景是如浮在水面野鸭状的凫庄，中景是钓鱼台方亭，远景是四桥烟雨一带，景色丰富。

4. 桥亭塔园，造型别致。中心景区五亭桥，建于 1757 年（清乾隆二十二年），桥上建有五个亭子，形似莲花，所以又称"莲花桥"，桥基由石砌成大小不同共有 15 孔的桥墩组成，此桥造型独特，既稳重又透剔。白塔全部为砖结构，分三层，下为须弥座，中部为龛室，呈圆形，上部为刹，上有 13 层瘦长的圆圈，称"十三天"，顶上盖圆盖，再上是铜质葫芦塔顶，其整体造型均较北京白塔为瘦，显得清秀。吹台之方亭，还有其他景点之亭，都很得体，造型别致。

5. 叠石见胜，嶙峋峰峦。扬州叠石自成一派，受扬州画派一定的影响，湖石、黄石均采用，讲究叠石成整体的气势，使其似陡峭峰峦、嶙峋山石。

4. 东南部景色

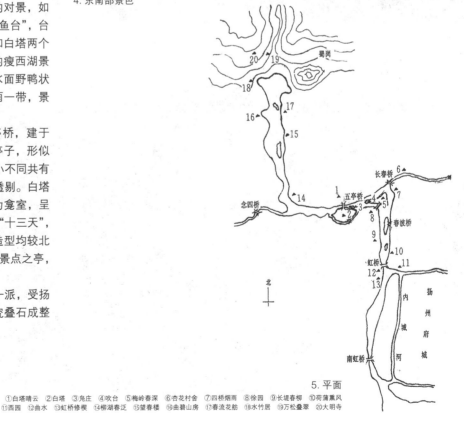

5. 平面

①白塔晴云　②白塔　③凫庄　④吹台　⑤梅岭春深　⑥杏花村舍　⑦四桥烟雨　⑧徐园　⑨长堤春柳　⑩荷蒲薰风
⑪西园　⑫曲水　⑬虹桥修楔　⑭柳湖春泛　⑮望春楼　⑯曲碧山房　⑰春流花舫　⑱水竹居　⑲万松叠翠　⑳大明寺

1. 方池

2. 船厅、惜阴书屋

3. 花筑亭

4. 小蓬瀛

此园位于顺德城南门外，始建明末，后几园合并，大兴土木，于清嘉庆年间（1796年后）写出"清晖园"三字挂在门前。此园不大，规模小是广东私人花园的一个特点。该园的具体特点有：

1. 自由布局，局部规则。总体布置比较自由，全园分为三个区，前区是水景区，中部是厅、亭、斋山石花木区，是全园的中心，后部为辅助的生活区，此三区连接自然，建筑平面布局不规整，变化自然。由于用地小，山池是分开的，且水池为规则式，一些道路亦随池、随山石亭馆铺成规则式。这种"自由中规则"的布局做法是岭南私人花园总的特征。

2. 水池规则，建筑相邻。前区水池为较大的长方形，开阔舒展，有六角亭、澄漪亭突出两侧池边，碧溪草堂隐立池后，丰富了水景，使规则的水池富有变化。主体建筑船厅侧立池北，水与船厅取得呼应。中部还布置有八角形荷池，这些规则形水池做法，受到一定的外来思想的影响。

3. 灰黑英石，象征叠砌。园内石景皆选广东英德所产英石，石质坚润，纹理清晰，色泽灰黑。当地传统做法，是把英石叠砌成象征性的动物和峰峦，因用地小，所叠石山只为观赏，不能进内游览。在园中部花筑亭处叠一狮子山，主题是"三狮戏球"，大狮为主峰，两小狮为配峰，大狮头为峰顶，形态生动；在此亭旁又叠有英石假山洞门，还布置有散石；于后部归寄庐与笔生花馆之间立一屏式假山，作为空间的分隔。这种英石叠砌的象征性峰型和散石以及其他园中的壁型是岭南园林叠石的一个特点。

4. 花木相配，蕉竹为主。在石景构图中，都以花木相衬托，在狮子山前配以棕竹，石洞旁种以翠竹，于亭旁还植有桂花树，增加了环境的自然清幽之感。在船厅后面布置有竹台和蕉园，在归寄庐楼门正中立有花坛，增加空间层次，突出了南方园景的特色。

5. 建筑通透，装修精细。建筑的门、窗都可拆装，以适应炎热气候，有利通风。主体建筑船厅，仿珠江上"紫洞艇"，其花罩是雕刻精雅的岭南水果芭蕉；观赏水景的碧溪草堂，镶有木雕镂空的竹石景落地罩，罩旁两格扇上有96个不同形状的寿字；读书之处的真研斋，其正面槛窗槛板上雕有八仙工具图，逼真动人。门窗格扇上采用彩色玻璃，光影变化，气氛各异。这些建筑特色体现了岭南园林的又一特点。

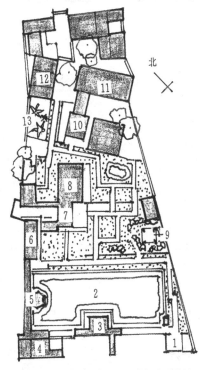

5. 平面　①门厅　②方池　③澄漪亭　④碧溪草堂　⑤六角亭　⑥船厅　⑦惜荫书屋　⑧真砚斋　⑨花筑亭　⑩小蓬瀛　⑪归寄庐　⑫笔生花馆　⑬蕉园

1. 安善堂前

2. 翠云岭（远处为曲径通幽、飞来石）

该园位于北京什刹海西面，建于 19 世纪上半叶，是清道光帝第六子恭忠亲王奕䜣的府邸，其前身为乾隆年间大学士和坤宅第。此园的特点是：

1. 规整轴线，庭园自然。总体布局分为中、东、西部分，中间为主，有三进庭院，建筑严整对称，中轴线突出，东西两侧部分亦各有次要的南北向轴线。在这总体规整的框架中，中部三进庭院都布置有均衡的假山，前两进院中还有水池；西部中心设一大水池，以水景为主；东部为大戏台和吟香醉月庭院，其南面对"流觞曲水"沁秋亭山石景观。这些庭院布置成自然的庭园。

2. 江南典雅，北方华丽。东、西、中三部分的庭院中的山石、水池、花木的庭园安排，都体现着江南山水的典雅与清秀。建筑的造型是北方的形制，显得厚重，其色彩以暖色调为主，比较华丽。所以，此园具有南北方融合的特色。

3. 自然山水，均衡有序。东、西、南以山环抱，中部安善堂前所叠之垂青樾、翠云岭，纹理清晰；走势自然，配以福池，得天然山水之趣，此两处山岭虽分列东西，但形态各异，均衡有韵律，且将三部分园景联系在一起，形成整体。

4. 园林手法，巧于应用。入园门，见一飞来石，此为障景手法；从安善堂、绿天小隐、蝠厅、观鱼台等建筑处都能观赏到一幅有如自然的山水画面，这是对景手法；建筑间以空廊连起，可连续看到后面的景色，这是增加景深层次的手法。后面如蝙蝠状的蝠厅，在厅前叠以起伏的山石，给人如在山中的感觉，清幽秀雅，正符合其作为读书之处的功能，此为造意境之景的一个做法。

5. 视线联系，丰富景观。此园设有几个高视点，如在翠云岭上、榆关上、邀月台上，通过视线联系，都能观赏到视野开阔的层层景色，这些丰富的景观，在下面游赏是不可能看到的。这一高视点的设置亦是造园中的一个重要手法。

6. 题名点景，仿大观园。园中的景观题名，大都来自红楼梦大观园景，如曲径通幽，沁秋亭仿沁芳亭，艺蔬圃仿稻香村田园风光，明道堂东面小院翠竹遮映仿潇湘馆等等。所以研究红楼梦的红学家们对此园有争议。有的认为此园为大观园，建造年代为清初，有的认为该园是后来按红楼梦书中所述大观园景色仿造的。笔者考证过乾隆时期京城图和有关资料，同意后者的看法。

3. 园门

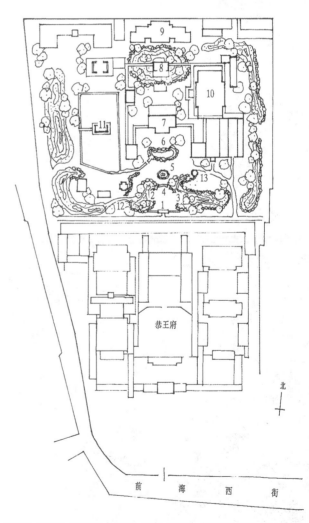

4. 平面　①园门　②翠云岭　③垂清樾　④曲径通幽　⑤飞来石　⑥福池　⑦安善堂　⑧绿天小隐（前为邀月台）　⑨蝠厅　⑩大戏楼　⑪观鱼台　⑫榆关　⑬沁秋亭

5. 邀月台前假山

6. 飞来石

7. 蝠厅前假山

8. 大戏楼侧面

9. 观鱼台

10. 榆关

12. 沁秋亭

11. 戏楼东南面院落

13. 沁秋亭内"流觞曲水"

第六章 现代公园时期

（约公元 1850 ~ 2000 年）

概况

现代公园，最早出现的是城市现代公园，为城市市民大众所使用的公共园林。18 世纪时英国伦敦的皇家猎苑，允许市民进入游玩；19 世纪伦敦一些属皇家贵族的园林，逐步向城市大众开放，如摄政公园、肯辛顿花园、圣詹姆斯公园、海德公园等。法国在 19 世纪下半叶，于巴黎东郊、西郊重点扩建了两个森林公园，在塞纳河旁及其左右两边又建了公园，为市民使用。德国于 19 世纪中叶在柏林修建了城市公园。最有影响的城市公园，是 19 世纪中叶在美国纽约市中心修建的中央公园，它是为了解决大城市环境日益恶化、改善城市环境，由造园家设计建造的。日本在 19 世纪下半叶于大阪建造了公园。中国在 20 世纪前后，于北京、上海、天津、南京、无锡等地修建了城市公园。自 20 世纪以来，在发展城市公园的基础上，提出要搞城市绿地系统的观点，这一概念至今还应提倡和实施。现代公园，还包括有国家公园，自 1872 年美国建立黄石国家公园后，世界各国都逐步发展了自然风景区、自然保护区等国家公园，其规模范围很大，一般都远离城市。进入 21 世纪，在各国皆在呼吁保护人类生活环境的背景下，我们更应重视现代公园的保护和发展，走向自然。

在这一时期，选用了 10 个实例。第一个就是美国纽约中央公园，设计人是奥姆斯特德，于 1857 年他有预见性地建造了这第一个城市大公园，随着纽约曼哈顿岛的发展，此大公园位于岛的中心地带，其总体布局为自然风景式，利用原有地貌和当地树种，开池种树，改善了大城市中心区的生态环境；第二个实例是美国波士顿中心区南部的富兰克林公园，设计人还是奥姆斯特德，建于 1886 年，其特点同纽约中央公园类似，这两个实例对于如何搞好大城市中心地带的生态环境，仍有启示的作用。第三个实例是法国巴黎万塞讷和布洛涅林苑，万塞讷位于巴黎市旧城东边，布洛涅在旧城西边，于 19 世纪下半叶对巴黎市进行改建时，在原有基础上建设这两个各有 $10km^2$ 的林苑，除其本身供广大市民休息与进行文化活动外，还起到如人体两个肺一样的作用，极大地改善了巴黎市区的生态环境，这种做法很值得现代大城市效仿。英国伦敦市中心的摄政公园等，原是皇家贵族园林，后对公众开放成为公园，这五座公园像绿色宝石镶嵌在伦敦市中心区，同样起着和纽约中央公园一样的生态作用。西班牙巴塞罗那的格尔公园，特色突出，始建于1914年，设计人是世界著名建筑师高迪，总体格局为自然浪漫风景式，建筑与自然反映出曲面空间造型的高迪风格，还设有精致的博物馆。另一个城市公园实例是巴黎旧城东北部的拉维莱特公园，20世纪70年代后建设为有科技文化的公园，1982～1998年改建成为一个几何形网络园，网络交点布置红色游乐场建筑物，以架空通廊连接成整体，此改建项目设计是法国著名建筑师屈米获得国际竞赛一等奖的作品。介绍这两个实例，是想说明建造城市公园要重视创造出有特色的面貌和文化休息设施。中国安徽合肥利用周长8.3km的旧城墙地带，保留护城河，建造环状绿带，结合古迹发展公园，还修建西部森林、水库绿地，并以多条绿带将这些绿色公园连接贯通，形成城市绿地系统，以此来说明，这是现代城市园林的发展方向。其余三个实例是属于国家公园性质的自然风景区，一是加拿大自然风景区尼亚加拉大瀑布，此景区除其景色蔚为壮观，对外对内交通与服务设施齐备外，还能提供巨大的能源；二是中国安徽黄山风景区，面积为154km²，以"奇松、怪石、云海、温泉"四绝著称，有中国"天下第一山"的景观，现已重视本身与周围地区自然生态环境的保护，发展黄山旅游事业，促进地区经济发展；三是日本京都岚山风景区，它有京都第一名胜之称，主景突出红叶樱，堰川绕山蜿蜒流，名胜古迹隐山中，是访问京都的外国游客必去观景的地方。通过这三个实例，是想说明国家公园或称自然风景区的重要作用，各国应重视对它的保护、发展和法制管理。在这一方面做得好的国家是美国，美国在1872年建立起世界第一个黄石国家公园，占地8996km²，属高山峡谷热泉景观型，至21世纪初已发展到58个国家公园，最大的占地面积有53393km²，是兰格尔－圣伊利亚斯国家公园。除国家公园外，美国保护的国家公园系列还包括国家海岸、湖岸、景观河流、景观道路、纪念地、

历史公园等，共300多个；同国家公园系列平行的另有国家森林系列和国家野生动物保护系列，美国政府对这三个系列都专门设置管理机构，其中国家公园由国家公园局统一管理。美国的这些做法很有参考价值。

这一现代公园时期，其功能作用已转向为公众生活服务，特别是20世纪后期和进入21世纪后，对于它所起到的生态平衡、环境保护的作用更加清晰了。上面所举的10个实例就是说明这一发展趋势，并希望能够起到引导的作用。景观生态学的研究人员曾提出：斑块（Patch），外观上不同于周围环境的非线形地表区域，主要由绿地、建筑、人工硬质地面和水组成；廊道（Corridor），不同两侧基质的狭长地带、条状，公路、河道、植被；基质（Matrix），景观中面积最大，连接最好的景观要素，如草原、沙漠、森林，常与斑块连在一起；这三者连成整体，要对其进行保护和发展。这一理念，同我们追求的"大地园林化"思想是一致的。城市中的斑块就是公园绿地，在城市中心区、边缘地带、近郊区都要建有公园，如实例中所述的美国、英国、法国、西班牙公园；所谓的廊道就是城市中的河流、街道或其他绿带，绿带将公园绿地连接起来，构成城市绿地系统，如同实例中介绍的中国合肥绿地系统；基质就是城市居住、公共活动区。就国家而言，城镇本身及其外面的自然风景区（如实例中介绍的加拿大尼亚加拉大瀑布、中国黄山、日本京都岚山风景区）、森林区、野生动物与自然保护区，就是一个个的斑块，城镇间的公路、河流或铁路近旁的绿带就是廊道，大片的农田、草原、沙漠等就是基质，此三者的保护与发展至关重要，它关系着国家的生态环境保护和持续发展问题。因而各国进行城乡建设发展时，要高视点来研究和分析生态平衡、环境保护问题，要考虑今天全球生态环境需要，正如前言中所说，要有5个尺度的概念，即从园林——城市——国家——洲——全球的空间概念来思考。由此可见，园林的保护与建设是极其重要的，这是世界各国的社会责任。笔者研究此项目的中心目的就在于此——人人要重视生态平衡、环境保护，保护好人类生活的这个地球。

1. 大草坪

2. 可供休闲活动的草地

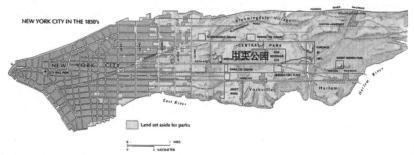

3.1850 年位置（现为城市中心）

1857 年在纽约市中心修建美国第一个城市大公园——中央公园。设计人是奥姆斯特德（Fredrick Law Olmsted，1822~1903 年），他受过英国教育，继承与发扬唐宁（Andrew Jackson Dowing）的园林建设观点，推崇英国自然风景式园林。唐宁于 1850 年前往英国等欧洲国家，从布朗、雷普顿（Humphry Repton）等造园名家处得到启迪。该园特点是：

　　1. 与城市关系密切。位于纽约曼哈顿岛中心部位，改善了城市中心的环境，又便于市民来往。

　　2. 保护自然。总体布局为自然风景式，利用原有地形地貌和当地树种，开池植树。

　　3. 视野开阔。中间布置有几片大草坪，游人可观赏到不断变化的开敞景观。

　　4. 隔离城市。在边界处种植乔、灌木，不受城市干扰，进入公园就到了另外一个空间环境。

　　5. 曲路连贯。全园道路随景观变化修建成曲线形，且曲路连通可游览整个公园。

　　（图照由杨士萱先生提供）

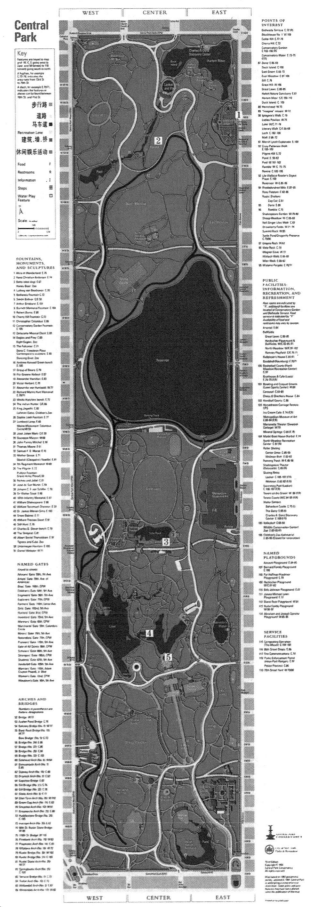

4. 平面　①温室花园　②北部沟谷　③观景城堡　④弓形桥　⑤水池喷泉台地

5. 可行走马车的道路

6. 林间步行小路

9. 北部沟谷画

7. 温室花园画

10. 弓形桥画

8. 观景城堡画

11. 小池喷泉台地画

实例 92　富兰克林公园
(Franklin Park)

该园位于美国波士顿市中心区的南部，建于 1886 年。这块重要用地之所以能够保留下来，是因为 17 世纪中叶时市政当局就作出了保留公共绿地的决议。此园设计人仍是奥姆斯特德，其特点与纽约中央公园类似，只是具体安排有所不同，它是按近似方形与城市道路的方便联系布局的。此外，它本身与其西面的一条较宽绿化带衔接在一起，既改善了城市的生态环境，又为这一区域的景观增色许多。

2. 环形路（George R·King，1927 年前）

3. 池桥自然景色（George R·King，1927 年前）

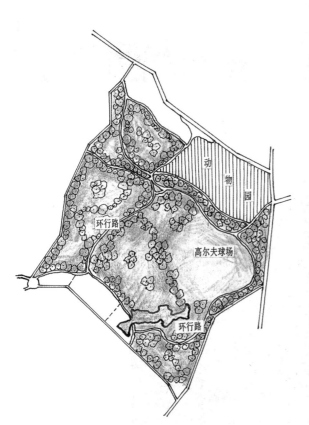

1. 平面

4. 网球场（George R·King，1927 年前）

217

5. 动物园北入口（2001 年张钦哲先生摄）

7. 儿童游戏场（2001 年张钦哲先生摄）

6. 露天体育场（2001 年张钦哲先生摄）

8. 高尔夫俱乐部（2001 年张钦哲先生摄）

9. 高尔夫球场（2001 年张钦哲先生摄）

218

　　万塞讷林苑位于巴黎市东郊，布洛涅林苑在西郊，奥斯曼 (1807 ~ 1891 年) 任巴黎市长期间 (1853 年后) 对巴黎市进行改建和绿化时，由阿尔方（Alphand) 于 1871 年在原有基础上建设这两个林苑，各有 1000 多公顷。总体布局为自然风景式，由曲路、直线路、丛林、草坪、花坛、水池、湖、岛组成，在林苑内形成了许多不同景观的活动场所。我们选择这个实例，主要是说明它在城市中的作用，除自身功能作用外，还起到如人体两个肺的作用，它与城市内公园、绿地、塞纳河绿带联系起来，极大地改善了巴黎市区的生态环境。这种做法，很值得现代大城市效仿。

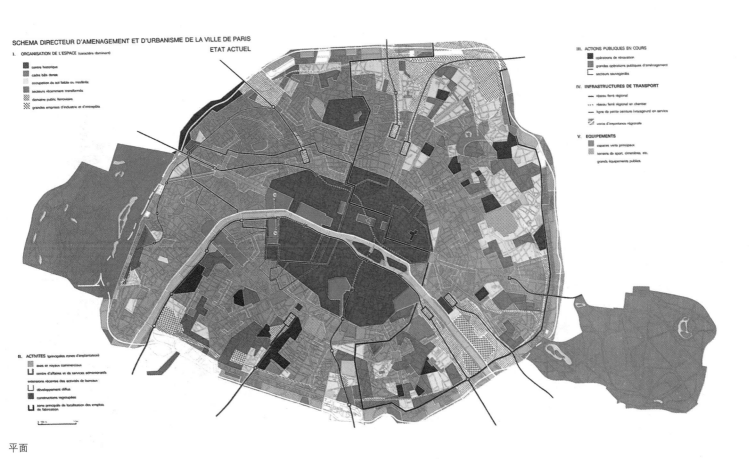

平面

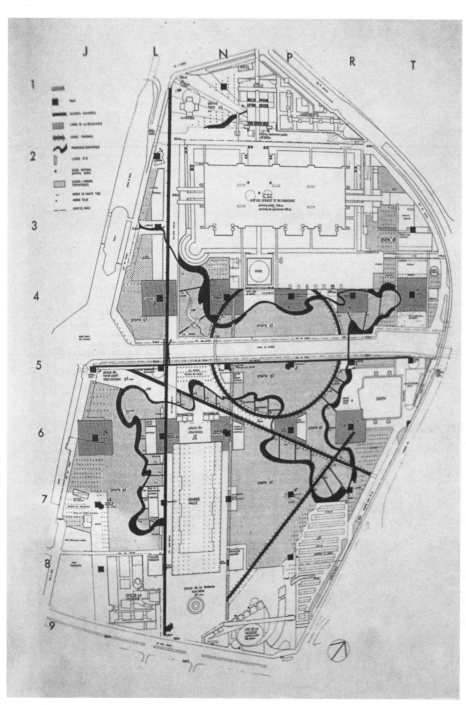

1. 公园总平面（选自《20世纪世界建筑精品集锦》）

2. 立方体变形的多样红色游乐场建筑物
（选自《20世纪世界建筑精品集锦》）

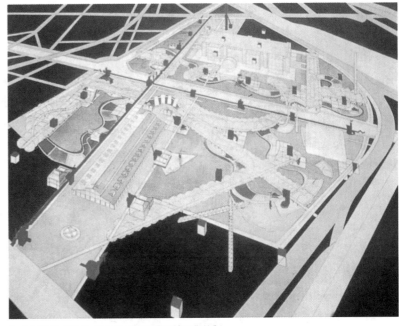

3. 公园鸟瞰（选自《20世纪世界建筑精品集锦》）

该园位于巴黎市旧城东北部边缘，130多年前这里一直是牲畜交易市场，后改建为现代公园。20世纪70年代后，改造并增加科技文化设施，包括有一半球状放映厅、5000座位音乐厅和其他展览建筑等。

现此园最大的特点是，整个公园建起了一个几何形网络。在网络的节点布置红色游乐场建筑物，其建筑形式为立方体的多种变形，打破了传统建筑的构图规则。这些网络节点上的红色建筑，以架空的通廊连接，中间是公园绿地，构成统一的整体。这是一种创新的公园新模式，引起了人们的关注。此项目设计是法国著名建筑师屈米（Bernard Tschumi）获得国际竞赛一等奖的作品，已于1982～1998年间陆续建成。

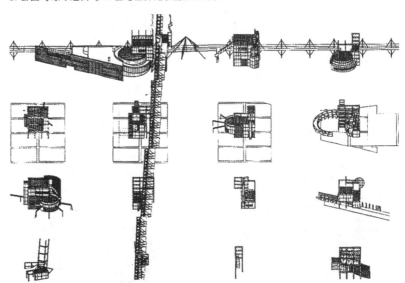

4. 轴测图（选自《20世纪世界建筑精品集锦》）

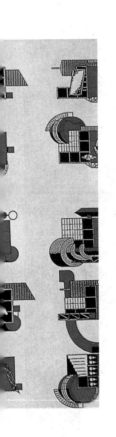

5. 5000座位音乐厅（Yuan Arthus-Bertrand）

6. 科技馆前半圆球状放映厅（Yaun Arthus-Bertrand）

7. 红色游乐场建筑及其连廊（Yaun Arthus-Bertrand）

1. 圣詹姆斯公园（当地提供）

2. 格林公园（当地提供）

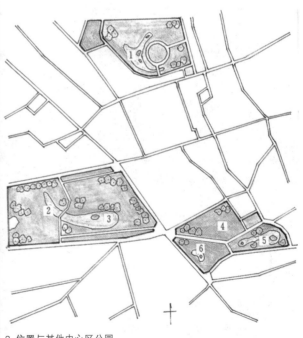

3. 位置与其他中心区公园

①摄政公园　②肯辛顿花园　③海德公园　④格林公园　⑤圣詹姆斯公园　⑥伯明翰宫

223

4. 肯辛顿公园（当地提供）

摄政公园位于伦敦泰晤士河的北面，原是皇家贵族园林，后对公众开放成为公园。总体格局属自然风景式，水面为自由式，道路有直有曲，直线的并未设计成轴线对称式景观，绿地配置有独立大树、丛林、林荫大路、草坪、牧场风光等。此园南边的肯辛顿花园 (Kensington Garden)、海德公园 (Hyde Park)、格林公园 (Green Park)、圣詹姆斯公园 (St.James's Park)，其性质和模样都同摄政公园类似，这五座公园像绿色宝石一般镶嵌在伦敦的市中心区。

5. 肯辛顿公园喷泉（当地提供）

6. 圣詹姆斯公园和伯明翰宫（当地提供）

1. 从南入口望主体建筑台阶

2. 台阶装饰

3. 台阶雕饰动物

该园位于巴塞罗那城的北部，始建于 1914 年，设计人是世界著名的建筑师高迪 (Antoni Gaudi)。高迪所设计的教堂、公寓已成为巴塞罗那的标志性建筑，具有自己独特的风格，是由曲线、曲面空间组成的浪漫主义幻想式建筑。他的这一风格完全反映在这个公园及其建筑中。其具体特点有：

1. 总体格局为自然浪漫风景式。围绕中心主体建筑，在四周布置自由环形曲路，曲路旁有不同的山林、洞穴景观，可供观赏休闲。

2. 利用地形，创造变幻的立体空间。主体建筑依坡而建，其屋顶与上层台地相连；从东门进入高迪博物馆区，利用高差布置柱廊洞穴，在不同标高的露台面上可看到立体的空间景色。

3. 高迪式建筑，自然浪漫。从曲线、曲面空间造型以及色彩方面来看，所有建筑都反映着高迪的风格。

4. 建筑与自然融为一体。采用棕榈树、丛林、攀缘植物，使建筑与自然结合，洞穴石柱、其他石材的色彩都同自然的绿色相平衡，十分协调，形成一体。

5. 博物馆小巧精致。里面收藏有高迪的作品、图样、史料和设计的家具实物等。1995 年 12 月笔者参观后，进一步了解了高迪的思想和成就。

1996 年 7 月国际建筑师协会第 19 届大会在此园安排了第一场活动，此园受到与会建筑师们的一致赞扬。

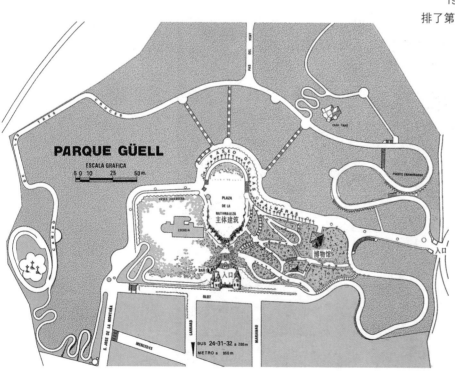
4. 平面（当地提供）

5. 主体建筑平台北面道路两侧

6. 主体建筑东面坡地

7. 从北面平台望主体建筑东边

8. 西面山地廊道

9. 博物馆内景（高迪设计的曲线形座椅）

10. 博物馆南面石柱廊台内景

11. 高迪博物馆

12. 东入口西行景色（左为博物馆）

1. 大瀑布全景

2. 大瀑布位置

3. 大瀑布近景

4. 服务设施——观瀑旋转餐厅

该景区位于多伦多东面的尼亚加拉瀑布城，与美国交界，是世界著名的大瀑布景观。"尼亚加拉"名称来源于印第安语"Onguiaahra"，意是雷声隆隆。此瀑布呈半圆形，宽约800m，平均落差51m，水如万马奔腾之势直冲河谷，雷声隆隆。

此景区的对外交通十分方便，交通的便捷首先影响着游人的数量。因此，该景区的游客每日川流不息。此景区的建设比较完善，中间有一条宽敞的道路作为划分，路的一边是近观大瀑布区，走近瀑布景观，水声隆隆，气势磅礴，蔚为壮观，还可由台阶走下乘船贴近瀑水。在路的另一边是服务区，安排有旅馆、商店、娱乐场等各种服务设施和丛林、草地等公园，供游客使用与休息，还建有高塔建筑，于顶层设一圆形餐厅，在用餐的同时可俯瞰大瀑布壮丽的全貌，向左边眺望可见美国的瀑布，但其规模小了许多，宽约300m。这一大瀑布还能提供巨大的能源，加拿大方面的水电站可发电181万kW。

5. 观瀑服务设施区

6. 对面美国境内瀑布

实例 98　合肥城市绿地系统

这一阶段为中国清代后期和"中华民国"以及中华人民共和国成立后的时期，城市公园逐步发展起来，特别是 20 世纪下半叶新中国建立之后，各地城市公园、绿地系统以及自然风景区得到空前的建设与发展。这里举两个实例，一个是安徽合肥城市绿地系统，另一个是安徽黄山风景区。

合肥市，1949 年前是一座小城市，旧城面积 5.3km²，人口 5 万，现为安徽省省会，市区人口为 100 多万。合肥是中国首批三个园林城市之一，其园林建设的特点是：

1. 围城建造环状绿带。合肥旧城周长 8.3km，保留其护城河，拆除城墙，西面将城墙土与拓河之土堆成自然山峦，其余造势河岸两侧，形成环城绿化带，既改善了旧城环境卫生，又为居民创造了休息之地。此举连同长江路等的改建，使合肥市 20 世纪 50 年代末成为全国小城市建设的典范。

2. 结合古迹发展公园。在旧城环形绿带的东北角，是公元 3 世纪三国时期"张辽威镇逍遥津"之地，借题发挥，开辟成 30 多公顷的综合性公园；旧城东南隔外侧的香花墩为宋代包拯早年读书之处，后人修建了包公祠，此处水面宽阔，地形起伏，遂发展成近 30hm² 的包河公园，并将包公墓重建在这里。结合古迹修建公园，丰富了这条环旧城河的绿色林带。

3. 西部森林水库绿地。距市中心 9km 的西郊大蜀山，高 280 多米，面积 550hm²，在原有林木的基础上，开辟发展森林公园；在此山北面的董铺水库、大房郢水库，发展大片绿地，以保护水库。在大蜀山下发展了果园、桑园、茶园和苗圃，水库周围发展经济林。西郊大片绿地是以风景林与经济林相结合，将开辟郊区风景区与发展经济生产结合在一起。

4. 东南巢湖引风林区。在离市中心 17km 的南郊巢湖，面积 782km²，为中国五大淡水湖之一，计划逐步发展成为有特色的风景旅游区。同此区相连，拟在市区东南方向逐步发展引风林区，顺城市主导风向，将新鲜空气引入城市。

5. 二三环连郊外绿地。环绕西郊、东南郊绿地的内边缘、外边缘，拟逐步建成二、三环绿化带，将郊区绿地联系起来。

6. 城市生态绿地系统。前述已建成的一环旧城绿带及其古迹公园，正在发展的西郊与东南郊风景林经济林大片绿地，拟逐步建设的二三环绿化带，通过一些引向城市中心的绿带，组成合肥市有机的绿地系统。这一系统非常可贵，它对改善城市生态环境起着重要的作用，它能降低温室效应，净化空气，卫生防护，防灾隔离，美化城市，为居民提供休闲游览和提高文化的场所，结合生产还能创造经济效益，可谓一举多得，它是 21 世纪城市的发展方向。但目前许多城市尚未认识到它的重要作用，不仅未做到，甚至没有完整的规划设想。

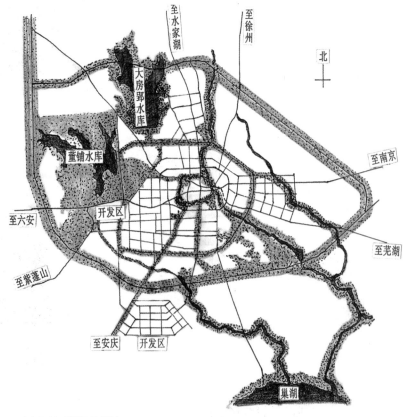

1. 城市绿地系统远景规划

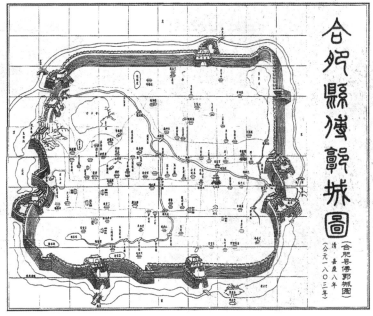

2. 原县城图（1803 年）

3. 环西景区

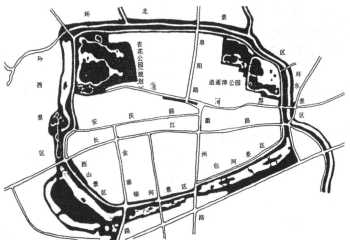

4. 已建成的环城公园图

5. 西景区绿地动物雕塑

6. 银河景区

7. 包河景区

8. 包公墓

9. 包河景区南部丛林

10. 经济开发区明珠广场绿地喷泉

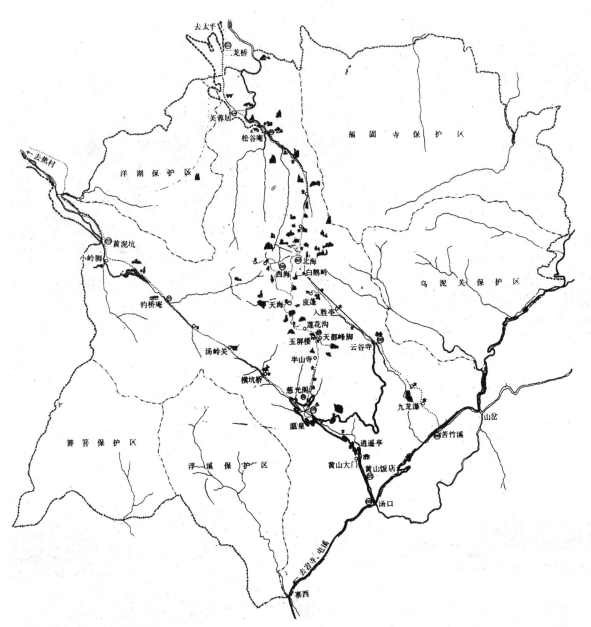

去太平

龙桥

芙蓉居

松谷庵

福固寺保护区

洋湖保护区

去焦村

黄泥坑

小岭脚

钓桥庵

北海

西海 白鹅岭

乌泥关保护区

天海 皮蓬

入胜亭

莲花沟

汤岭关

玉屏楼 天都峰脚

云谷寺

半山寺

横坑桥

慈光阁

九龙瀑

山岔

箬箐保护区

温泉

逍遥亭

苦竹溪

浮溪保护区

黄山大门 黄山饭店

去岩寺·屯溪

汤口

寨西

1. 总平面（朱畅中先生提供）

黄山位于安徽省南部,面积为154km²。黄山古名黟山,因山多黑石之故。唐天宝年间改名黄山,是取自黄帝在此炼丹升天的神话。黄山以"奇松、怪石、云海、温泉"四绝著称,含有泰山之雄伟,衡岳之烟云,华山之峻峭,匡庐之飞瀑,峨眉之清凉,著名地理学家徐霞客称赞"五岳归来不看山,黄山归来不看岳"。笔者观五岳及四大佛山后,同黄山相比,确实感到黄山为"天下第一山",因而选此实例。其本身和建设特点有:

1. 主景突出重点观赏。黄山的奇松、怪石、云海三绝,多集中在玉屏楼至北海游览路线的两侧。温泉飞瀑景多在南部,山的下方。在玉屏楼至北海这一中心游览区内有黄山的三大高峰:莲花峰最高海拔为1867m;光明顶第二,海拔为1840m;天都峰第三,海拔为1810m,但最为险峻,其名取意为天上之都会。除此三大景观外,还有其他动人的峰景,如始信峰"琴台",笔锋"梦笔生花",狮子山"猴子观海"等。这些景观是黄山风景区的精华,为重点的风景观赏区。

2. 保护林木峰峦泉瀑。山水林木是风景区的基础,如遭毁坏,风景区就不复存在。1955年黄山森林覆盖率为75%,后因过度砍伐,曾降低了20个百分点,现正在恢复;在所谓建设的名义下,曾开山取石,截瀑引水,乱排污水,破坏了风景环境,现都已被制止。目前,保护风景得到了一定的重视,如在黄山南部玉屏楼东文殊洞顶的迎客松,它是黄山十大名松之冠,有如好客的主人伸手迎接来客,已有损伤,现设法抢救保存下来。

3. 开辟交通畅通游览。交通便利与否,直接影响着风景区游客的数量。交通包括内外两个方面,首先要解决好外部的交通,使各地游客能迅速到达风景区,黄山地处皖南山区中,远离城镇,现铁路、民航都能直达黄山脚下的屯溪,屯溪距黄山75km,其对外交通条件已大有改善。同时开辟黄山内部的交通,公路已通至后山海拔900m的云谷寺和前山的慈光阁,缆车道可从云谷寺到达中心游览区后部。从前山山脚至后山的各个景观的游览环形线路共约30km长,公路与缆车道占40%,其余为步行游览,已比较方便。

4. 山脚山腰建设设施。黄山山顶中心游览区没有可供建设的缓坡地段,只在北海地区有少量的建设地段,所以将提供食宿的建设重点布置在后山云谷寺和山脚处。20世纪80年代在云谷寺修建宾馆,游客可晨乘缆车上山,观赏主要景观,午后或暮前返回,解决食宿问题。

5. 发展黄山旅游事业。有"天下第一山"的景观,就应充分发挥此优势,大力发展黄山旅游事业。为了突出并保护好黄山主景区,要重视黄山周围地区自然生态

2. 迎客松

3. 莲花峰

环境的保护;还需要发掘开发新的景点,增加游览路线和活动内容;进一步改善交通和服务设施条件以及提高服务质量。

6. 促进地区经济发展。发展黄山旅游事业同地区经济发展不是对立矛盾的,可相互结合起来,互相促进。这一地区可大力发展副食基地,发展种植业、养殖业、食品加工业和富有地方特色的手工艺品,还可发展一些旅馆文化娱乐建筑,这些都是为促进黄山旅游事业的发展服务,同时亦促进本地区经济的进一步发展。

上述这几点是发展风景区所应重视的几个共性问题。世界各地有名的风景名胜区,大都在这些方面做得比较出色。

4. 猴子观海

5. 天都峰

6. 石柱奇松

7. 清凉台东景观

日　本

　　这一阶段在欧美的影响下，日本发展了许多现代公园和国家公园，这里仅举京都岚山风景区为例。

1. 桥通岚山（当地提供）

2. 位置（当地提供）

3. 大堰川水绕岚山

位于京都西北边缘，地处丹波高地东部，山高375m，有京都第一名胜之称。其特点是：

1. 主景突出红叶樱。春天这里樱花成片盛开，秋季时满山红叶，此公园风景区以红叶和樱花之美著名。

2. 堰川绕山蜿蜒流。著名的大堰川围绕此岚山北部缓缓流过，每逢春季两岸苍松新绿、樱花相衬，清澈的河水与岚山互相辉映，上游水经峡谷，极富激情，下游有长长的渡月桥，桥畔有天龙寺等，又是另一番深邃景色。

3. 名胜古迹隐山中。山中有不少景观点活动区，如大悲阁、法轮寺、小督冢等，常有文人雅士在此触景生情，作画、写诗。

4. "雨中岚山"日中情。1979年日本人民在岚山山麓龟山公园内，为1919年4月5日中国周恩来总理青年时代(1919年4月5日)访岚山时写下的《雨中岚山——日本京都》诗篇立了诗碑。四周苍松环抱着诗碑，并有几棵高大的樱花树立于背后，在此可饱览岚山的景色，倾听大堰川的水声。1992年3月笔者前来观看廖承志先生所书诗文，深感日本人民缅怀周总理为日中友好事业作出丰功伟绩而立碑的日中友谊之情。

4. 岚山秋色（当地提供）

5. 石刻周恩来总理《雨中岚山》诗句

结　语

从上述 100 个典型实例的概括分析中，可以看到如下五点世界园林的发展变化趋势。

1. 生活舒适、生产需要——生态平衡、环境保护

从 3000 多年前的墓壁画和文字记载来看，最早的园林功能是为生活娱乐、舒适，并兼有生产的需求，供应蔬菜、果品、药材等；现进入 21 世纪，除原有这些功能外，由于世界整体环境的恶化，林木山水资源的破坏，影响了人类的生存条件，因而园林的发展，世界各地强调要从生态平衡、环境保护的角度来考虑，对园林的功能提出了更高的要求，以满足人类生存的生态平衡需要。

2. 自然条件、文化不同——各地具有自己特点

世界各地自然条件差异很大，各国和地区的文化亦不相同，故植物品种和园林的其他要素不一样，其艺术布局更是因文化的不同而有差别，因而各地的园林都具有自己的特点。

3. 文化传播、相互融合——各地重视地域特色

园林是文化的一部分，因各国统治者和上层人士的爱好，一些国家占领其他国家或地区，以及各国之间的文化交流，园林文化一直不断地向外传播，使各地园林文化在相互融合，目前各地重视发展各自的园林地域特色，以适应各地自己的条件和文化特点。

4. 艺术形式内容丰富——范围扩大、走向自然

园林的内容和艺术布局形式，通过相互融合和园林工艺与设计的进步，不断发展，越来越丰富多彩，而且范围也在不断扩大，现已发展到大范围的自然风景区、国家公园以及自然保护区等，其总的发展趋势是走向自然，这其中也包含着艺术布局的形式和内容。

5. 长期来为上层服务——逐步向为大众服务

园林在很长一段时间是归国家统治者和上层人士所有，绝大多数是为他们使用服务的，只是到了近 200 多年来发展了城市公园，后又发展了国家公园，才逐步扩大了为大众使用服务的面。真正做到为大众服务，这是我们今后努力的方向，也是必然的发展趋势，它体现着社会的进步。

对上述这五点未作更多的说明和解释，以给读者留下思考和深化认识的空间。